生命を支えるATPエネルギー
メカニズムから医療への応用まで

二井將光　著

ブルーバックス

装幀／芦澤泰偉・児崎雅淑
カバーイラスト／早坂幸子
本文デザイン・データ制作／髙畑朝子
図版／日本グラフィックス
編集協力／大木勇人

はじめに

　気の遠くなるような回数の細胞分裂と機能の分化を経て、私たちは受精卵からヒトへと成長してきました。このプロセスを支え、さらに私たちの生命を維持するためには「エネルギー」が欠かせません。

　生物を支えるエネルギーは、どんなメカニズムでつくられ、どのように使われるのでしょうか。この疑問を、分子、細胞、そして生物のレベルから、考えていきましょう。数々の発見によって明らかになった、生物がエネルギーを使うメカニズムは、一つの壮大なドラマ（物語）といえます。

　物語の前編は、生命にとって使いやすいエネルギー物質がつくられるまでの過程です。太陽光のエネルギーを植物がとらえて変換し、二酸化炭素と水から酸素と糖（炭水化物）をつくります。糖を私たちは植物からもらい、消化した後にグルコース（ブドウ糖）として細胞内に取り入れます。グルコースは段階的に化学的に変換され、細胞内の小器官ミトコンドリアで「アデノシン３リン酸」が合成されます。ここには酸素が必要です。アデノシン３リン酸というのは、英語名 "adenosine tri-phosphate" の下線のa、t、p３文字を取った「ATP」とよばれる化合物です。高等学校で生物を勉強した方は耳にしたことがあるでしょう。ATPは本書の主題であり、エネルギー物語の主役です。

　ATPはヒトから細菌に至るまで、生命活動のさまざまな場面で、エネルギーを受け渡します。その汎用的な役割から「エネルギー通貨」といわれています。エネルギーが

使われると、ATPは別の物質になりますが、すぐにつくり直されます。成人が1日に消費するATPを合計すると、なんと数十キログラムにもなります。ATPは生物が再生しながら多量に消費する重要な化合物なのです。

　生物にとって欠かすことのできないATPを合成するのは、ある「酵素」です。それはどのような酵素なのでしょうか？　──早くから多くの研究者が注目し、知ろうとしてきました。しかし、私たちが全体像を知るまでには、ほぼ50年の歳月がかかりました。

　そして明らかになったのは、従来の酵素の概念から全く想像できなかった、合計22分子ものタンパク質が集まってできた生物機械でした。この機械は細胞一つ一つのミトコンドリアの膜にあり、水素イオンを使い、一部分を高速回転させながら、3ヵ所の触媒部位（反応部位）でATPを効率よく次々と合成します。回転速度は、ほぼレーシングカーのエンジンと同じです。回転が停止するとATPはできません。まさに、ATPを合成する生物機械です。この機械はどんなタンパク質から組み立てられているのか、動かしているエネルギーは何か、どのようなメカニズムか、このような疑問は物語の前編で解決します。

　物語の後編では、ATPのエネルギーを使って生命が維持される姿を見ます。ATPから放出されるエネルギーは、私たちの筋肉の収縮や細胞内の小器官の運動に使われます。ただし、それだけではありません。実は、ほとんどのATPのエネルギーはイオンの輸送に使われています。神経の情報伝達、栄養の摂取、ホルモンの分泌、細胞内小器

官の機能などは、ナトリウム、カリウム、カルシウムなどの金属イオン、さらに水素イオンなどによって支えられています。イオンの環境と循環は、生命の基本的な活動にとって非常に重要であり、そこに大きくかかわるのがATPです。

　生命のエネルギーを知ることは、地球上の生物を理解し、進化の謎を解明することにつながります。しかし、それだけではありません。体内でエネルギーにかかわるメカニズムが破綻すると、いろいろな病気の原因となります。私たちが直面しているさまざまな難病、遺伝病、感染症、ガンや心筋症、胃潰瘍（いかいよう）、骨粗鬆症（こつそしょうしょう）などを生物エネルギーの視点から考え、それぞれのメカニズムを知ることが重要です。

　このエネルギーの物語では、前編と後編を通じて、基礎的なメカニズムと同時にクスリや医療への応用も考えます。生物学分野の教科書では行われなかった試みです。化学反応や化合物の構造、細かい代謝経路などは専門書に任せ、長い年月にわたって科学者が努力してきた過程をたどり、最新のクスリや医療への応用に関する知識を解説していきます。

　私たちは音楽を聴いて感銘を受け、絵画を見て感動すると、家族や親しい友人に音楽会や美術館に行くことを勧めたくなります。同じ気持ちから、筆者らが感動してきた生物エネルギーのカラクリの巧妙さと面白さ、未来へ開く可能性を伝えたいと思います。

　広く読んでいただきたいので、専門用語はできるだけ避

けて、丁寧な説明を心がけました。しかし、少しだけ難しくなってしまった箇所があるかもしれません。細かいことは気にせず読み進んでください。興味をもったところで、難しく感じた箇所に戻ると、より理解が進むと思います。途中で解説すると全体の流れが中断するようなところは「豆知識」として別にまとめました。こちらも興味に応じて読んでいただければと思います。

　読まれた後、私たちの体内では膨大な数のATPがつくられ消費されていること、そして私たちは生物として生きていることを実感していただけたらと思います。

2017年　秋

二井將光

生命を支えるATPエネルギー●もくじ

はじめに　*3*

　エネルギーを生命へ *12*
　　　　　――光・糖・ATP――

第1章　太陽の光から植物へ。エネルギーを糖へ *13*

1　**生物とエネルギー** *14*
エネルギーの「変換」／生物エネルギーの「保持」

2　**太陽の光は植物へ** *19*
葉緑体のつくり／細胞や細胞内小器官（オルガネラ）の膜の機能／光合成の明反応と暗反応

3　**葉緑体の明反応** *23*
生物における酸化還元のしくみ／水素がかかわる酸化還元のしくみ／明反応で光のエネルギーをとらえる

4　**葉緑体の暗反応** *28*
二酸化炭素を糖に変える

第2章　植物から動物へ。糖を変換してATPエネルギー生産 *31*

1　**エネルギー通貨ATPとは** *32*
糖からたくさんのATP／ATPの多様な役割／1日の必要ATP量は約70キログラム！／ドイツで発見、日本人が構造を解明

2　**グルコースを細胞の中へ** *39*
細胞内へトランスポーターが運ぶ／ナトリウムイオン濃度差もカギ／グルコースは小腸から血液へ、そして細胞内へ／グルコースからATPができる過程／解糖系でのグルコースの反応／筋肉でも解糖系からATP

- 3 ミトコンドリアでエネルギー変換　*49*

  クエン酸回路の流れ／電子伝達のしくみ／水素イオンの輸送でATP合成

- 4 エネルギー変換のメカニズム解明の歴史　*54*

  電子伝達とATP合成をつなぐ化合物「化学説」／水素イオンが主役の「化学浸透圧説」／水素イオンの濃度差からATP合成を証明した実験／水素イオンが主役の研究が加速／動植物から細菌まで膜でATP合成／ウシの酵素と好塩菌のタンパク質が確実にした「化学浸透圧説」／できたATPをミトコンドリアの外へ

- 5 広く使われる水素イオン　*65*

  水素イオンと細菌の鞭毛／水素イオンと共輸送・逆輸送
  〈豆知識〉酸素がないときのATP合成は解糖系で　*68*

第3章　生物の細胞内で。すごい性能のATP合成酵素　*69*

- 1 ATPをつくる酵素を求めて　*70*

  最初に見つかった「ファクター・ワン」／もう一つの「ファクター・オー」／タンパク質の基礎知識

- 2 ATP合成酵素の正体の研究　*77*

  大腸菌を使った研究で／サブユニット構造の解明／突然変異から研究する／遺伝子から調べる／「共通のアミノ酸配列」から研究／触媒部位を調べる

- 3 ATP合成に重要！　サブユニットの回転　*90*

  柔軟な酵素／サブユニットの回転／協力する3つの触媒部位／回転を支持するβの構造／γサブユニットの回転／水素イオンの流れでサブユニットが回転

- 4 目で見る「タンパク質機械」の回転　*100*

  回転する分子／膜の中で回転／高速で回転／ランダムに回転する酵素

- 5 ATP合成酵素をつくる　*106*

  サブユニットを組み立て／ミトコンドリアで組み立て
  〈豆知識〉人工的なモーター　*109*

第4章 私たちの体内で。ATP合成と病気 *111*

1. 酸素を運ぶヘモグロビンと病気 *112*
   ヘモグロビンのメカニズム／アミノ酸の変異と病気

2. ガンを見つける *116*
   解糖系と電子伝達の使い分け／ガンの診断と治療への応用

3. ATP合成を阻害する毒物とクスリへの応用 *120*
   電子伝達の阻害剤の毒性／ATPアーゼ阻害タンパク質の役割／ATP合成酵素の変異による遺伝病／ATP合成を阻害する化合物を感染症のクスリへ／トランスポーターに作用する毒物をクスリに

後編 生命の中心にATP *126*
―― メカニズムと医療への応用 ――

第5章 筋肉から胃酸まで。ATPのはたらき *127*

1. ATPを使って動かす *128*
   筋肉の収縮と弛緩／細胞内のモータータンパク質

2. イオンを輸送する *132*
   ATPの70パーセントが輸送に使われる！

3. 多様なイオンポンプ *135*
   酵母からヒトまで。多様なイオンポンプ／研究の始まりは、ナトリウムとカリウム／筋肉や神経のカルシウムATPアーゼ

4. ナトリウム・カリウムポンプのメカニズム *141*
   ポンプの構造／ポンプのメカニズム

5. ナトリウム・カリウムポンプが支える細胞の機能 *144*
   イオンと神経／ナトリウムイオンと栄養

6. 濃い塩酸を分泌する胃の細胞 *147*
   水素イオンの輸送／塩酸の分泌／同じ祖先から2つのイオンポンプ

第6章 ATPで動くイオンポンプと病気 *153*

1 銅イオンポンプと遺伝病 *154*
有害な微量金属の排出／銅イオンポンプと病気

2 クスリと毒はコインの表と裏 *157*
イオンポンプ阻害剤のジギトキシンの毒成分／使い方で、ジギトキシンは心疾患のクスリに

3 水素イオンポンプ *159*
水素イオンポンプを阻害する胃潰瘍のクスリ／違うアプローチから胃酸分泌のクスリ

4 胃酸にすむ有害なピロリ菌 *162*
強酸性の胃酸と細菌／ピロリ菌が胃で生育できる理由

第7章 生きるに必須なオルガネラと水素イオンポンプ *165*

1 内部が酸性のオルガネラ *166*
細胞質にある多様なオルガネラ／水素イオンをオルガネラ内部に輸送する酵素

2 生きるために必須なオルガネラの酸性 *169*
リソソーム内部を酸性にしているV-ATPアーゼ／酵母や線虫にも必須のV-ATPアーゼ／哺乳動物も生きるために必須

3 V-ATPアーゼとATP合成酵素は同じ祖先 *174*
2つの酵素の比較／類似点と相違点／V-ATPアーゼも回転／V-ATPアーゼもATPをつくれるか／同じ祖先タンパク質から

4 V-ATPアーゼと病気 *178*
多様なV-ATPアーゼ／イソフォームの突然変異と病気

第8章 ATPが支える細胞内の輸送・運搬 *183*

1 小胞を使うメカニズム *184*
小胞輸送の役割

2 細胞の外から中へ──エンドサイトーシス　186
悪玉コレステロールの処理／鉄イオンの取り込み／抗生物質バフィロマイシンからわかること／尿からのタンパク質の回収

3 細胞の中から外へ──エキソサイトーシス　193
ホルモンやタンパク質分解酵素の分泌と神経伝達／シナプスの化学伝達／タンパク質分解酵素の分泌／インスリンも細胞の外へ

4 細胞膜の機能を変える　199
インスリンによる細胞膜の改変／細胞膜とヒスタミンや抗利尿ホルモン

5 細胞膜にあるV-ATPアーゼ　202
細胞の外を酸性に／ガン細胞のV-ATPアーゼ／骨代謝と破骨細胞

第9章 生物エネルギー研究から医療へ　207

1 応用科学のなかの生物エネルギー　208
ATP合成とガン組織の画像化／イオン輸送とクスリの作用メカニズム

2 オルガネラとV-ATPアーゼ　211
医薬への応用が期待される、ユニークなV-ATPアーゼ／細胞膜とガン細胞／骨が硬くなる大理石病／骨が脆くなる骨粗鬆症／シナプスの周辺とアルツハイマー型認知症

3 生命を動かすエネルギー　218

おわりに　220
参考文献　224
さくいん　225

前編

エネルギーを生命へ
――光・糖・ATP――

　これから9章にわたるエネルギーの物語を始めましょう。私たちの生命を支えるエネルギーとは何か。これをどのようにして得ているのか。物語の前編（第1章〜第4章）の主題です。今までの常識では考えられなかったメカニズムが明らかになります。

第1章
太陽の光から植物へ。エネルギーを糖へ

　私たちの生命を支えるエネルギーとは何か。まず、植物が太陽の光を使いやすいエネルギーに変換します。これを別の形にして保存して、動物の生命を支えています。

1　生物とエネルギー

●●● エネルギーの「変換」

　生物はいかにしてエネルギーを得て、どのように使っているか、このメカニズムを考えていきます。私たちの細胞やからだの中の話を始める前に、まず、私たちが生活している周囲でエネルギーを考えましょう。

　私たちは自然の中でいろいろなエネルギーを実感します。風もその一つです。風力という言葉があるように、私たちは風がエネルギーをもっていることを知っています。台風のときには風速が時速何十キロメートルという風に吹き飛ばされそうになったこともあります。また、すぐに思い出すのが、絵画の素材となり美術の教科書にもあったオランダの美しい風車です（図1-1）。英語でウインドミルといわれるように、粉ひきや脱穀に使われていました。そこでは、風車の回転は杵(きね)の回転や上下運動に変換されて使われます。風車の回転を鋸(のこぎり)の水平な運動に変えているソーミルというものもあります。このように、風車は風のエネルギーを人間が使える運動エネルギーに変えています。

　国土の30%近くが海水面より低いオランダでは、風車が古くから干拓地の排水にも使われました。このような風車が現代でも残されています。直径が数メートルの風車は水平の軸を中心に大きな円を描いて回転しています。これを歯車によって垂直な軸の回転に変え、さらにラセンのような装置を回転させ、水をくみ出して、水位の低い方から高い方へと移動させています。風車は回転の方式を変えながら、風のエネルギーを高い水位という位置のエネルギー

図1-1 タイルに描かれたオランダの風車
風のエネルギーを変換して排水や脱穀に利用している。

に変えています。風のエネルギーによる灌漑事業がオランダの国土をつくったのです。

　風車が水をくみ上げたのに対して、水車は水位の高い方から低い方へと水が流れるエネルギーを変換して利用しています。このように空気や水が流れることで仕事を行うしくみは、本書のテーマの一つであるATP合成のメカニズムと似ていることに、読み進めるうち気づくでしょう。

　もう一つ、エネルギー変換の例として、蒸気機関車を見ましょう。石炭を燃やし水を熱して蒸気とし、これを上下運動、続いて車輪の回転に変換して走っています。エネルギーの視点からは、石炭がもつ化学エネルギーを取り出して熱エネルギーとし、さらにそれを機械的なエネルギーに変換して使っています。

　石炭の分子そのものはエネルギーではありませんが、そこからエネルギーが取り出されるのです。物理の表現では、石炭の分子に「保存されているエネルギー」を私たちは「変換」して使っています。「保存する」は英語ではコンサー

ブ（conserve）ですから、日本語としては「**保持する**」ともいえます。本書では、エネルギーを受け取ったり、それをもったまま運んだり、放出したりする化合物の役割が主題になりますので、「保持する」の方がイメージしやすいでしょう。これから、エネルギーを「保持する」という言葉を使いたいと思います。

　一方「変換」はトランスフォーメーション（transformation）を訳したもので、状態や形を別のものに変えていることです。「エネルギーを転換する」ともいわれますが、変換の方がわかりやすいでしょう。風車や機関車の例から考えられるように、私たちは風や石炭などのエネルギーを変換して別のエネルギーとして使っています。

「エネルギーはつくったり、壊したりできるものではない」

　——これを物理学では「熱力学の第一法則」といいます。この法則は、生物にも当てはまります。
　ほぼ全ての生物は、直接あるいは間接に太陽光の放射エネルギーを「変換」して、別のエネルギーとして生体内の分子に「保持」し、利用しているのです。

●◐○ 生物エネルギーの「保持」

　それでは、生物はどのようにしてエネルギーを「保持」しているのでしょうか。エネルギー物語の主役であるATPを例に、そのしくみを見てみましょう。
　ATPは、アデノシン3リン酸の英語名 "<u>a</u>denosine <u>t</u>ri<u>p</u>hosphate" の下線のa、t、p 3文字を取ったものと「は

じめに」で説明しましたが、似た物質にアデノシン2リン酸 "adenosine di-phosphate" があり、**ADP** とよばれています。ATP の T は 3 を表す "tri" の頭文字で、ADP の D は 2 を表す "di" の頭文字です。つまり ADP は ATP よりもリン酸が1つ少ない化合物です。

図 1-2 に示したように、化学構造を見ると、ATP はアデニンとよばれる部分、リボースとよばれる糖の部分があり、リボースには、3つの**リン酸**が1列になって結合しています。

このうち2つ目と3つ目のリン酸基の間をつなぐ化学結合が切断されると多量のエネルギーが放出されます。この化学結合は**高エネルギー・リン酸結合**とよばれてきました。

ATP の3つのリン酸基の間には反発があり、不安定な構造です。ATP のリン酸結合が切断され、ADP とリン酸

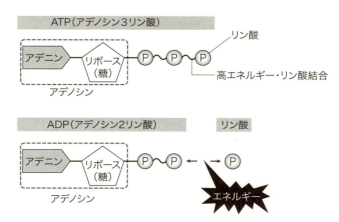

図 1-2　アデノシン3リン酸（ATP）　模式図。構造式は第 2 章。

になると、安定化され結合に使われていたエネルギーが放出されるのです。

逆に、ADPがエネルギーを受け取るとADPとリン酸からATPができ、受け取ったエネルギーがATPに保持されます。そして、ATPは必要とされるところでエネルギーを放出し、ADPにもどります。

このようにして生物は、ATPによって放出されるエネルギーを使って、機械的な仕事、イオンの輸送などの浸透圧的な仕事、情報の伝達など、多くの仕事や化学反応をするのです（図1-3）。

化学結合によってエネルギーを保持するのは、ATPの高エネルギー・リン酸結合に限りません。グルコース（ブドウ糖）などの物質も、化学結合の中にエネルギーを保持しています。

それでは、自然界で生物がエネルギーを保持するまでの過程を見ましょう。まず、太陽の光から植物のグルコースがつくられるまで——を考えます。

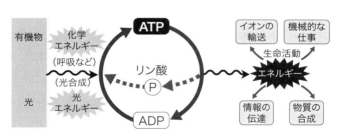

図1-3　生物のエネルギー変換

2　太陽の光は植物へ

●●● 葉緑体のつくり

　生物が生きていくためのエネルギーを得る活動は、太陽からの光をとらえて物質に保持させるところから始まります。それをできるのは、植物や藻類だけです。地球上の全ての動物と微生物や細菌は、植物が変換したエネルギーに頼りきって生きています。植物はまず光のエネルギーを電子のエネルギーに変換しますが、それは細胞のどこで行われ、どのようなメカニズムなのでしょうか。

　動植物の細胞には核があり、細胞質にはエネルギーを生産するミトコンドリアや光合成を行う葉緑体などの**オルガネラ**があります。この言葉は、細胞内小器官あるいは細胞小器官と訳されていますが、ここではオルガネラという言葉を使いましょう。オルガネラについては、生物エネルギーとの関連から、第2章以降で登場することになります。

　顕微鏡で観察すると、植物細胞のオルガネラの中でも目立って大きな葉緑体があるのにすぐに気がつきます。2つの膜に囲まれた内部には空間があり、**ストロマ**とよばれます。その中には膜に囲まれた**チラコイド**とよばれる袋状の構造が何層にも積み重なっています（図1-4）。藻類にも類似の器官があります。ここで大きなエネルギー変換が行われています。

　葉緑体は、細胞の中で微妙に位置を変え、効率的に光を取り入れようとします。また、藻類には光に向かう性質（走光性）があり、光を効率的に取り入れやすいところに集まります。

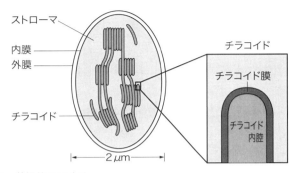

図 1-4　葉緑体のつくり

●●● 細胞や細胞内小器官(オルガネラ)の膜の機能

　動物細胞やオルガネラを囲んでいる膜は、他の生物の膜(生体膜)と同じように、**リン脂質**の分子(図1-5)や他の脂質の分子と各種のタンパク質の分子からつくられています(図1-6)。リン脂質の分子というのは、水に溶けやすい親水性の部分と、油に溶けやすい疎水性の部分の、2つからできています。リン脂質の分子は、図1-6のように二重に並んで層を形成することで膜をつくり、その膜の中では、親水性の部分(水に溶けやすい部分)が外に向き、疎水性の部分が内側を向きます。

　これらの脂質の分子は、互いに位置が入れ替わることができ、流動性をもっています。シャボン玉の膜のようなものを思い浮かべるとよいでしょう。ただし、分子の位置が容易に入れ替わるのは膜の面に沿った方向のみで、膜の裏と表の分子は入れ替わりません。生体膜がこのような柔軟な性質をもっていることは、膜の機能を理解する上で欠か

せない知識であることが後にわかるでしょう。

また、膜は、単なる仕切りや、のっぺりとしたシートではありません。細胞膜、チラコイドの膜、ミトコンドリア膜、核膜など、いずれにも重要なはたらきをするいろいろなタンパク質が埋め込まれていて、生命活動に欠かせない機能をもっています。図1-6には膜に埋め込まれたタンパク質も示しています。その中には糖を細胞の外側に結合しているもの、複数のタンパク質が集

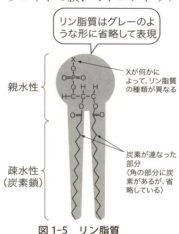

図1-5　リン脂質

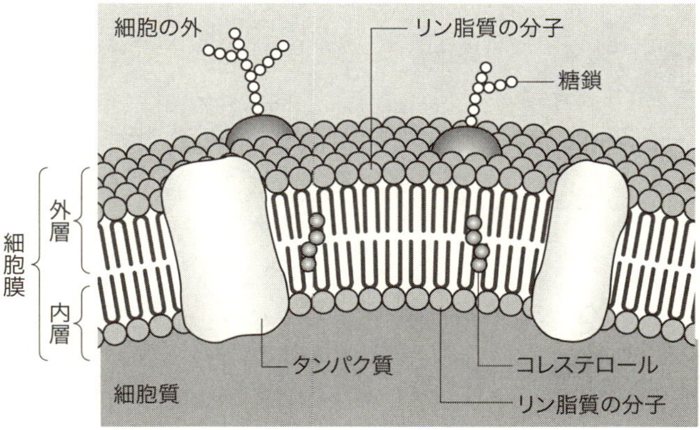

図1-6　生物の膜のつくり
リン脂質とタンパク質を中心に生物の膜ができる。

まってできたものもあります。

つけ加えて述べておくと、図に描かれているコレステロールは、悪役の評判が高いのですが、リン脂質と同じように動物の膜成分であり、実は細胞膜の機能に必要不可欠な物質です。また、重要な代謝生成物をつくる材料にもなります。

●●● 光合成の明反応と暗反応

葉緑体では、光のエネルギーが最終的に化学結合のエネルギーに変換されます。その全過程は化学式で書くと、次のようになります。

$CO_2 + H_2O \rightarrow (CH_2O) + O_2$

(CH_2O) は、たくさん（n 個）つながると $(CH_2O)_n$ になり、これは糖（炭水化物）一般を表します。代表的なものが炭素原子6個からできた**グルコース** $(CH_2O)_6$ で、「ブドウ糖」という名称の方がなじみがあるかもしれません（図1-7）。つまり上の式は、二酸化炭素と水から、糖と酸素が生成することを示しています。この式の反応は、気体と液体がかかわりますから、簡単なものではありません。「何段階ものエネルギー変換」があり、チラコイドの膜にあるたくさんの「タンパク質」と「酵素」がかかわっています。つくられたグルコースは、数十分子がつながってデンプンとな

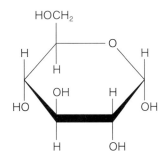

図1-7　グルコース（ブドウ糖）

り、植物体に貯蔵されます。

生物における「何段階ものエネルギー変換」の第一段階は、葉緑体で起こります。葉緑体では、光エネルギーの変換がかかわる反応と、光が直接的には必要のない反応の2つが行われています。それぞれ、明反応と暗反応とよばれます。

この2つの反応がドイツのオットー・ワールブルク（Otto Warburg）によって初めて示されたのは、1920年代です。ワールブルクは、高等植物ではなくクロレラを使いました。クロレラは簡単に培養できますし、試験管内で実験ができたことが2つの反応の発見につながったのです。ワールブルクに続く長年の研究によって、2つの反応の実態が現在では明らかになっています。

3 葉緑体の明反応

●●● 生物における酸化還元のしくみ

明反応では、光のエネルギーが電子のエネルギーに変換されます。また、電子が受け渡されて反応が進む場面が多く見られます。

光合成の解説で出てくるNADPHという化合物——高校で生物を学んだ人はうっすらと記憶にあるはず——も、電子を受け渡しする物質です。この物質を理解するために、ここではまず、電子が関与する「酸化還元反応」を理解してから、明反応の話に進むことにしましょう。

酸化還元反応を説明するときによく出される例ですが、1価の銅イオン（Cu^+）と3価の鉄イオン（Fe^{3+}）が反応

すると、次の式のようになります。

$$Cu^+ + Fe^{3+} \rightarrow Cu^{2+} + Fe^{2+}$$

1価の銅イオン（Cu^+）が電子を失い2価の銅イオン（Cu^{2+}）になり、3価の鉄イオン（Fe^{3+}）が電子を受け取って2価の鉄イオン（Fe^{2+}）となった結果です。

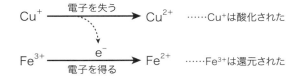

このとき、電子を「受け取った」方が**還元**され、「失った」方が**酸化**されたことになります。

電子を受け取りやすい、失いやすいという性質は、それぞれの物質によって違いがあり「酸化還元電位」という数値で示します。詳細にはふれませんが、この数値の高い低いによって、「電子を受け取りやすい」性質が強く還元されやすい物質と、逆に「電子を失いやすい」性質が強く酸化されやすい物質とが決まります。先の例では、銅イオン（Cu^+）は電子を失いやすい性質をもち、鉄イオン（Fe^{3+}）は電子を受け取りやすい性質をもつということです。

さらに、反応する相手の物質を酸化させる物質は**酸化剤**とよび、相手を還元する物質は**還元剤**とよぶことも覚えておいてください。

●◐◯ 水素がかかわる酸化還元のしくみ

生物では、電子の移動に水素がかかわることが多く見られます。先にふれた NADPH という物質もそれにあては

まるのですが、まずもっと単純な物質で考えましょう。水素（H）と他の化合物（A）が結びついたAHという化合物を考えます。すると、この物質から他の物質へ電子が移動するしかたには、次の2つの場合があります。

1つめは、物質AHの水素（H）がもっていた電子（e^-）だけが化合物（B）に移動して、余った水素イオンが遊離する場合です。

$$AH + B \to A + (H^+ + e^-) + B \to A + B^- + H^+$$

すなわち、物質AHは、水素とともに電子を放出し、物質Bは電子を得て還元されました。B^-と書かれているのは物質Bが電子を得たことを示します。

2つめは、物質AHの水素原子がBという物質に結合し、

$$AH + B \to A + BH$$

と表される場合です。この場合は、一見電子の移動が見えませんが、水素原子は水素イオンH^+と電子e^-です。したがって、水素とともに電子が物質Bの方へ移動しているので、Bは還元されたことになります。このように、「水素の移動」によっても電子が移動し、酸化還元が起こることに注意しましょう。生物の活動では、化合物から水素が切り離れて、そのときに電子の受け渡しをともなうことが多く見られます。

実際の生物では、電子の受け渡しの中心になる化合物として、**NADPH** および NADH が代表的です。ここでは話を簡単にするために、NADPHの方だけを考えましょう。NADPHはニコチンアミド・アデニンジヌクレオチド・リン酸という化合物のことです。長い名前ですが、この化合物で大切なのは、H（水素原子）です。NADPHは、

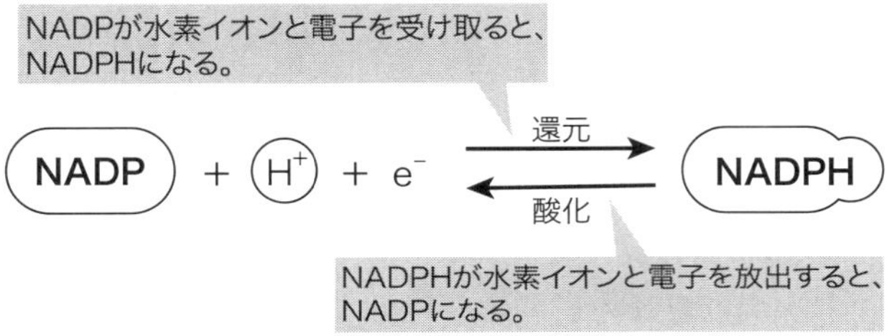

> NADPが水素イオンと電子を受け取ると、NADPHになる。

$$\text{NADP} + \text{H}^+ + e^- \underset{\text{酸化}}{\overset{\text{還元}}{\rightleftarrows}} \text{NADPH}$$

> NADPHが水素イオンと電子を放出すると、NADPになる。

図 1-8 生物の還元剤 NADPH

NADP と H（H$^+$ と e$^-$）に分かれます。NADP が水素 H を得て——水素イオンと電子を得て——還元されたものが NADPH です。逆に NADPH が酸化され水素イオンと電子を失ったものが NADP です（図 1-8）。

水素を結合した形の NADPH は、電子を失いやすい化合物です。水素（H）の部分が切り離れるときに電子が出るので、還元剤として多くの物質に電子を渡します。後から出てくる NADH と NAD の関係も同じです。酸化還元反応で電子が移動すると、酸化還元電位の電位差に相当するエネルギーが放出され、生命活動に利用されます。

●●● 明反応で光のエネルギーをとらえる

さて、光合成の話に戻しましょう。葉緑体が光をとらえて化学反応が始まります。光のエネルギーをとらえる反応は光化学系が行っており、光化学系には、光化学系Ⅰと光化学系Ⅱという役割の異なる系があります。

ⅠとⅡの順が逆になりますが、わかりやすいように図 1-9 の左側、光化学系Ⅱから解説していきましょう。

光化学系Ⅱでは、光のエネルギーはチラコイド膜上のク

ロロフィルによって吸収され、電子のエネルギーを高めることで保持されます。エネルギーの高くなった電子は、光化学系Ⅰに向かって伝達されます。

また、電子を失ったクロロフィルは、水分子から電子を引き抜く能力をもつようになります。他の分子とも協力して、水分子から電子（e^-）を引き抜き、水2分子から酸素1分子と4つの水素イオンと電子（e^-）を生成します。電子（e^-）はクロロフィルを経て、光化学系Ⅰに行きます。化学式で書くと

$$2H_2O \rightarrow O_2 + 4H^+ + 4e^-$$

と簡単ですが、チラコイド膜に埋め込まれたさまざまなタンパク質のはたらきなしにはありえない化学反応です。

こうして放出された酸素は、私たちの呼吸を通じて取り

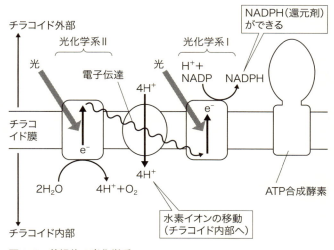

図1-9　葉緑体の光化学系

入れられて、細胞に運ばれてエネルギー生産の主役になります。地球に水があったことが、酸素を利用する生物が現れ進化したことの背景になっていると考えられます。最近でも地球外の天体に水があるかどうかが注目されるのは、水が生命の発生につながるからです。

　光化学系Ⅱからの電子は、光化学系Ⅰへ向かって分子から分子へと伝達（受け渡し）されていきます。このとき、電子の伝達のエネルギーによって、チラコイド膜の外側にある水素イオンが、チラコイド内へ移動します。こうしてできる水素イオンのチラコイド膜内外の濃度差は、ATP合成のエネルギーになるのですが、それについてはまたあとで述べましょう。ここでは、結果としてATPが合成されることだけおさえておきます。

　光化学系Ⅰでも、光のエネルギーは、チラコイド膜上にあるクロロフィルによって吸収され、電子のエネルギーを高めます。エネルギーを保持した電子は、クロロフィルを離れて電子を受け取りやすい分子に次々と伝達され、最後にNADPを還元してNADPHをつくり、エネルギーはNADPHに保持されます。そしてエネルギーを保持したNADPHは、葉緑体の内部（ストローマ）に遊離し、次節で解説する「暗反応」に使われます。

4　葉緑体の暗反応

●●● 二酸化炭素を糖に変える

　明反応によってチラコイドでつくられたATPと還元剤NADPHは、葉緑体のストローマ——チラコイド膜の外側

——に供給されます。このストローマに、暗反応を行うさまざまな酵素があります。

カルビン（M. Calvin）らは、反応にかかわる分子を明らかにしながら、糖がつくられるまでの化学反応を、1954年までに確立しました。後に、カルビン回路あるいはカルビン・ベンソン回路と名付けられたものです。
「回路」といわれるのは、反応が回るように次々と行われるからです。この回路では、エネルギー物質ATPと還元剤NADPHが使われて、それぞれADPとNADPになります。

カルビン回路において二酸化炭素（CO_2）を糖に取り込む酵素は、ルビスコ（rubisco）とよばれているものです。この酵素は、5つの炭素からなる糖に1分子の二酸化炭素を結合させ、6つの炭素原子からなる糖を経て、3つの炭素原子からなる化合物を2つつくります。このようにして次々と酵素がはたらき、カルビン回路を3回まわると、3つの炭素原子からなる「グリセルアルデヒド-3-リン酸」という化合物1分子が生成されます。これが2つ結合して炭素が6つの糖ができます。この過程には12分子のNADPHと18分子のATPが使われます。このように二酸化炭素が糖に取り込まれる過程が炭酸固定です。

糖は、最終的にグルコース（ブドウ糖）となり、葉脈を通じて根など他の組織に送られ、多数つながった多糖であるデンプンになり保存されます。つくられるものがスクロース（砂糖）になる場合もありますが、その過程は省略します。

暗反応の最初の酵素であるルビスコは地球上で最もたく

さんあるタンパク質としても有名です。なんと、植物の葉にあるタンパク質の約50パーセントを占めています。反応速度の遅いルビスコがたくさんあることによって、炭酸固定が効率よく進められています。

　暗反応は、直接には光のエネルギーを必要としません。しかし、明反応によってできるエネルギーを保持したATPと還元剤（NADPH）を使います。したがって、光のないところでは、反応に使う材料（NADPHが供給する水素イオンと電子）やエネルギー（ATP）が供給されないので、連続的な暗反応は起こりません。

　また、光は材料やエネルギーの供給以外の点でも、さまざまな点で反応に寄与しています。明反応によってチラコイドの内部に水素イオンが移動し、葉緑体のストロマが弱アルカリ性となることによって暗反応が起こりやすい条件になるのです。さらに、光によってエネルギーの高まった電子は、暗反応に関与する酵素を活性化します。

　ここで強調したいのは、葉緑体がエネルギー変換をするオルガネラであること、そして地球上の全ての動物を植物が支えているということです。光合成や葉緑体に関しては優れた解説書があるので、詳細はそちらに譲りましょう。

　さて、植物が光のエネルギーを変換してつくった酸素と糖を、私たちを含めた動物はどのように使うのか、次はこれを中心に考えていきます。糖が保持しているエネルギーは化学反応によって取り出すことができる——糖はいわば燃料のようなものと考えればよいでしょう。しかし実際には燃やすわけではありません。これを動物は使いやすい形に細胞内で変換しているのです。話を先に進めましょう。

第2章
植物から動物へ。糖を変換してATPエネルギー生産

　植物が光のエネルギーを変換して二酸化炭素からつくった糖を、私たち動物は細胞内に取り入れます。この糖をどのように利用して、生命を支えているのでしょうか。
　第2章からは動物のエネルギーの変換と生産に話を進めましょう。ここからはATPが主役になります。

1　エネルギー通貨 ATP とは

●●● 糖からたくさんの ATP

　動物は、植物が光合成によってつくった糖をグルコース（ブドウ糖）として体内に取り入れ、グルコースの化学結合に保持されているエネルギーを利用します。利用する過程では、エネルギーを1つの化学反応で取り出しているのではありません。何段階もの化学変化で、少しずつエネルギーを取り出しているのです。この物質の変化の過程を「**代謝**」といいます。

　代謝によって、グルコースのもつエネルギーが小分けにされ、たくさんの ATP がつくられます。あたかも、高額紙幣を両替して使いやすくするようです。

　糖から始まる動物のエネルギー利用を見ていく前に、もう一度 ATP とはどんな物質か、ATP 研究の歴史も振り返りながら確認しておきましょう。そこには、ドイツ、アメリカ、日本の研究者の努力がありました。

●●● ATP の多様な役割

　生きるエネルギーを得るために生物が細胞内でグルコースの化学エネルギーを変換してつくり出すのが、アデノシン3リン酸（adenosine tri-phosphate）略して ATP とよばれる化合物です（図 2-1）。図のようにアデニンとリボース（糖）の部分をアデノシンといいますが、このリボースの水酸基（-OH）にリン酸が結合し、このリン酸に、さらに、2つのリン酸が次々に結合しています。

　リン酸とはどのような物質でしょうか。18世紀の末ま

でに、科学者は生物をつくっている物質は複雑であるが、構成する元素は偏っていることに気づいていました。天然に存在する90種以上の元素のうちで、生物にとって不可欠なのは、ほぼ30種です。しかも、そのうちで中心になるのは炭素、酸素、窒素、そしてリンです。これらの元素がつくるたくさんの化合物が生物に使われています。なかでもリン酸が地球上にあったことは、生命が生まれる上での幸運であり、また、その後の生物のエネルギー利用にとっても幸運でした。弱酸であるリン酸からは、3つの水素イオンが解離します。式で示すと、

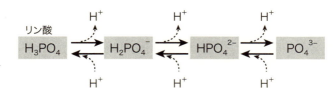

のように、細胞内に高い濃度で存在するリン酸は水素イオンを段階的に解離させることで水素イオン濃度を調整し、細胞内のpHを保つ機能をもちます。

また、リン酸はグルコースなど糖の水酸基（-OH）に結合することができ、この性質は糖を利用する過程や遺伝子の構成などに関与しています。水酸基などに結合している状態をリン酸基といいます。さらに、複数のリン酸どうしが結合することができるのも重要な性質です。

第1章では ATP の模式図だけを示しましたが、図2-1 にくわしい構造式を示しましょう。これを見ると、ATP ではリン酸が3つ結合した構造をつくっています。このうち2つ目と3つ目のリン酸基の間をつなぐリン酸結合が切断されると、ADP とリン酸になり、ATP 1モル当たり 7.3 キロカロリーというエネルギーが放出されます（エネルギー放出反応）。ATP の糖に結合した3つのリン酸基の間には反発があり、不安定な構造ですが、リン酸結合が切断されると、大きなエネルギーが放出され安定化するのです。多量のエネルギーが放出されることから、この結合は「**高エネルギー・リン酸結合**」とよばれてきました。

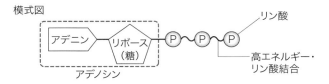

図 2-1 ATP の構造式　網をかけた部分がリン酸として外れる。

高エネルギー・リン酸結合をもつ化合物のなかで、ATPの保持するエネルギーは中程度ですが、これがエネルギーを必要とする反応にちょうど見合う値です。エネルギー通貨としてはたらく化合物は、放出されるエネルギーが大きければ大きいほどよいわけではないのです。生物が進化する過程で、必要なエネルギーと保持・放出するエネルギーの間にバランスの取れた化合物として、また、細胞が使いやすく、すぐにつくり直せる化合物として選択されてきたのがATPです。

　その結果、ATPは生物がエネルギーを必要とするとき——たとえば、筋肉の運動、細胞内のオルガネラの移動、細胞内へのイオンや栄養物質の取り込み、ホルモンや酵素の分泌、脳の活動や神経の伝達など（図2-2）——に使われるようになり、エネルギーが必要な全ての過程に使われるといっても過言ではありません。

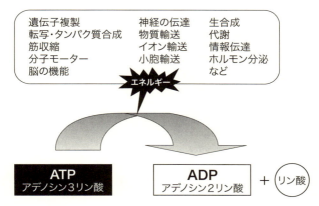

図2-2　ATPで生命を維持

付け加えておくと、ATPは「エネルギー通貨」としてだけではなく、細胞内で驚くほど多様な役割を担う分子です。たとえば、遺伝子であるDNAの材料として必須ですし、タンパク質をつくるのに必要なRNAの構成要素になっています。さらに、多くの分子にリン酸基を結合させる（リン酸化する）ためにも使われます。細胞がホルモンの情報を処理する過程では、情報の伝達にかかわるタンパク質がATPによって次々とリン酸化されることもよく知られています。これらはATPの役割のごく一部です。

1日の必要ATP量は約70キログラム！

　それでは、私たちはATPをどれだけ使っているのでしょうか。成人1人が1日に必要なATPの量は「65〜70キログラム」といわれています。初めて聞くと、この数字に驚くでしょう。しかしミスプリントではありません。自分の体重とほぼ同じ量のATPを1日に消費しているのです。

　——とはいっても、体内にあるATPの推定量は、いつの時点でもほぼ40〜50グラムしかありません。これは1分間で使い切ってしまう量で、1日に必要な量の1000分の1にすぎません。実は、ATP分子は細胞内でつくられると、1秒以内に消費（加水分解）され、アデノシン2リン酸（ADP）とリン酸になり、そのADPはすぐにATPにつくり直されるのです。このように、私たちの体はATPを迅速にリサイクルしているのです。1日に必要なATPの量とされる65〜70キログラムという数字はリサイクルされたものを含め、消費される全ての量です。

　さらに、細かく計算すると、1分子のATPは1日に

1500回もリサイクルされ、体内のATPの量は大きく変わることなく一定に保たれています。

私たちの日常生活のお金（通貨）は、使っても価値は下がらず、複数の人がそのまま何度も使えますが、ATPは使うとエネルギーが低下します。これは経済でいう通貨とは異なります。しかし、瞬時にリサイクルされ再度エネルギーを保持したATPに戻るので、いつでも、どこでも使えるのです。

では、どうやって大量のATPを効率よくつくりながら、使っているのでしょうか。これに答えることは私たちの生命活動を理解することにつながります。じっくりと考えていきましょう。

●●● ドイツで発見、日本人が構造を解明

エネルギー物質としてのATPが発見され、構造が解明されはじめた1920年代の後半ごろから1930年代までを振り返りましょう。そこには、ドイツ、アメリカ、日本の研究者の努力がありました。

ATPのことが徐々にわかってきたのは1920年代の後半ごろのことで、ドイツのカイザー・ヴィルヘルム研究所のオットー・マイヤーホフ（Otto Meyerhof）が中心になった研究によってでした。当時の世界の生物学をリードしていたこの研究所は、第2次世界大戦後にはマックス・プランク研究所となり、さらに発展しています。

マイヤーホフの研究室にいたローマン（K. Lohmann）は、エネルギー代謝に基本的な役割をしていると考えられる化合物、「酸に不安定なアデニル酸を含む化合物」を筋肉の

抽出液から発見しました。1929年のことです。アデニル酸は、ATPからリン酸を2つ取り除いた化合物です。

ローマンに前後して、ハーバード大学のフィスケ（C. H. Fiske）とサバロウ（Y. Subbarow）も、同じ化合物を発見しています。これら2つのグループの論文は、1929年の8月と10月に、それぞれドイツとアメリカの科学論文誌に発表されました。わずか2ヵ月ほどの差ですから、国際的に激しい競争が当時からあったことが、想像できます。この化合物が糖の代謝や筋肉の運動に、どのように、かかわっているのか——この疑問に答えるためには、さらに正確な構造を決めることが必要でした。

アデニル酸には1分子のリン酸が結合していますが、ローマンたちが発見した化合物には、リン酸がさらに2分子結合していました。ところが、このリン酸がアデニル酸のどの部分に結合しているのかが、なかなかわからなかったのです。明らかにしたのは、満州国の大連病院ではたらいていた内科医（後に東京慈恵会医科大学教授）の牧野堅です。牧野は、図2-1にあるように、リボースに合計で3分子のリン酸が1列に結合したATPの構造を証明しました。

牧野が、大連病院の医師としてこのような先駆的な仕事ができたのは、上司である後藤新平（当時・満鉄総裁、後の東京市長）の「医師は自由に研究するべきである」という見識があったからです。地方にも立派な指導者がいたのです。

「つながった3分子のリン酸基」という新しい発見は、論文として1935年に、学術誌（Biochemische Zeitschrift）

に発表されました。実はATPの発見者ローマンも同じ結論に達し、牧野の6ヵ月後に報告しています。ところがローマンは、牧野の論文を読んでいるはずなのに引用しませんでした。先人の仕事を尊重するという科学の世界のルールをローマンは無視し、科学者としてのフェアプレーに疑問を残しました。

ATPの発見者フィスケの実験ノートが数十年たってもハーバード大学の図書館に保存されており、ATPの化学構造を初めて明らかにしたのは、牧野堅であると書かれていました。筋肉の研究者である丸山工作が1991年に確認しています。

実験ノートには、実験の目的や方法、結果などを現場で研究者が記録します。また、ハーバード大学のフィスケのように、結果だけでなく、自分の研究に関連する他の研究者の成果についても確認しています。研究者は、実験ノートをまとめて、再現できるように、可能な限り正確に論文を執筆します。時と場所、研究室を超えて結果が再現されたときに、実験の結果は科学の知識となります。現代では、ノートは特許の資料としても重要です。

2　グルコースを細胞の中へ

細胞内へトランスポーターが運ぶ

ATPの原料は、植物のつくった糖です。私たちが食事として摂ったデンプンや炭水化物は、唾液や小腸のアミラーゼという酵素によって消化――つまり吸収するためにより低分子の状態に分解――され、グルコース（ブドウ糖、

$C_6H_{12}O_6$）になります。一方、スクロース（砂糖）は別の酵素でグルコースとフルクトースに分解され、乳製品に含まれるラクトースはグルコースとガラクトースに分解されます（図2-3）。

　糖が保持する化学エネルギーを変換するための最初のステップは、細胞内への取り込みです。ヒトの場合、これらの3つの糖（グルコース、フルクトース、ガラクトース）は、まず小腸にある上皮細胞へ細胞膜を横切って取り込まれます。

　たかだか5〜7ナノメートル（1ナノメートルは100万分の1ミリメートル）ほどの厚さしかない細胞膜ですが、これを横切ってグルコースを細胞内に取り入れるためには、図2-4のように膜に埋め込まれた専門のタンパク質のはたらきが必要です。このような物質を輸送するタンパク質を**トランスポーター**（transporter）とよび、特にグルコースを運ぶものを**グルコース・トランスポーター**とよんでいます。これは「運ぶ」という意味のトランスポート（transport）が語源になってできた言葉です。日本語では輸送タンパク質または輸送担体と訳されていますが、本書

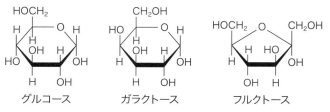

図2-3　動物が使う3つの糖

では英語のトランスポーターの呼び名を使うことにしましょう。

ヒトには少しずつ性質の違う12種類以上のグルコース・トランスポーターがあります。それぞれに番号をつけて、「グルコース・トランスポーター1」「グルコース・トランスポーター2」などの名前がついています。これだけの種類のグルコース・トランスポーターがあるのは、ヒトが多細胞生物に進化した結果と考えられ、それぞれ局在する細胞・組織が異なり、また性質も異なっています。

●●● ナトリウムイオン濃度差もカギ

グルコースとガラクトースは、番号1のグルコース・トランスポーターによって、小腸の細胞に取り込まれます（図2-4）。このトランスポーターは、ナトリウムイオン（Na^+）

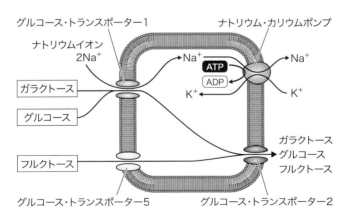

図2-4　糖はトランスポーターで小腸の細胞へ　ナトリウムイオンとグルコースの共輸送によって細胞へ取り込まれる。

の濃度が高い細胞の外から濃度の低い細胞内へと、ナトリウムイオンが流れるエネルギーを使っています。一般に、哺乳動物の細胞内ではナトリウムイオン濃度は低く、細胞の外はその10倍ほど高く調節されています。膜を隔てて濃度が異なるので、細胞の外にある高い濃度のナトリウムイオンがトランスポーターの中を通って細胞内へと流れ込むことができます。

この状態は水を蓄えたダムに似ています。ダムの高い位置にたまった水が位置エネルギーを蓄えているように、膜で仕切られた外側と内側でイオン濃度が異なる状態は、細胞がエネルギーを蓄えているのです。ダムの水位差を利用すると、水車を回し、仕事をさせることができますが、膜内外のイオン濃度差もトランスポーターに仕事をさせることができます。

ナトリウムイオンがグルコース・トランスポーター1の中を通って細胞内へと流れ込むときには、2個のナトリウムイオンが通過するエネルギーによって、1分子のグルコースを取り込む仕事が行われます。この仕事に使われるのは、ナトリウムイオンの濃度差に由来するエネルギーです。このようにしてエネルギーを使う輸送のメカニズムは、古くから能動的な輸送(active transport)とよばれてきました。現在ではナトリウムイオンとグルコースの共輸送(co-transport)といいます。

2つの糖を共輸送によって、エネルギーを使って取り込むので、細胞内の糖の濃度が高くなっても、細胞の外から糖がどんどん取り込まれます。そうはいっても、細胞内のナトリウムイオンの濃度が高くなるにつれて、しだいに輸

送するはたらきが弱まってしまうのでは？ ——という疑問が生じたかもしれません。しかし実際は、それほど細胞内のナトリウムイオンの濃度が高くなることはなく、いつも外側の濃度が高いので、輸送するはたらきは低下することはありません。

　なぜなら、グルコースの輸送によって細胞内に入ってきたナトリウムイオンを、逆に外に戻す役割をしている別のメカニズムがあるからです。これを行うのは、細胞膜にあるナトリウム・カリウムポンプとよばれるタンパク質（酵素）です。この酵素は、「ナトリウムイオンとカリウムイオンのトランスポーター」といってもよいのですが、ATPのエネルギーを使ってはたらくという特徴があり、歴史的にナトリウム・カリウムポンプとよばれています。これについては、2つのイオンを輸送する酵素として、第5章でくわしく述べましょう。

　3つの糖の中で、フルクトースは、番号1ではなく5のグルコース・トランスポーターによって細胞内に取り込まれます（図2-4）。このトランスポーターは、エネルギーを使わないではたらくという利点があります。そのかわり、細胞の内と外のフルクトースがほぼ同じ濃度に近づくにつれて取り込みは遅くなり、細胞内の濃度は外より高くはなりません。したがって、取り込まれる量は共輸送に比べ少なくなります。

●●● グルコースは小腸から血液へ、そして細胞内へ

　小腸の上皮細胞に入った3つの糖は、今度は番号2のグルコース・トランスポーターによって小腸とは反対側から

血液中へと出されて運ばれます。これもまたエネルギーを使わないトランスポーターで、細胞の内と外の濃度が同じになる（内と外が平衡になる）と細胞から排出されなくなります。

　グルコースが血液中に排出されると、血糖値（血液中の糖の濃度）が上がります。これをすい臓の細胞が感知し、インスリンというホルモンを分泌します。このインスリンの情報によって、多くの細胞で4番のグルコース・トランスポーターが細胞膜に「集まり」、グルコースの取り込みが促進されます。

　今述べた「集まる」とはどのような意味か、疑問に感じたと思います。細胞質にあるものが運ばれて細胞膜に集まるのですが、そのしくみは第8章でくわしく述べましょう。

　これらの過程のどこかに欠陥があると、グルコースの血中濃度が高いままになり、糖尿病につながります。健康診断で血糖値を調べる理由です。

●●● グルコースから ATP ができる過程

　細胞内に入ったグルコースは分解され、その過程で化学エネルギーが取り出されることになります。私たちが生きていく上で、成人の脳だけで、1日に120グラムのグルコースが消費され化学エネルギーに変換されます。1モルのグルコース（180グラム）と酸素が直接反応した場合には、二酸化炭素と水になり686キロカロリーのエネルギーが熱（燃焼熱）として発生します。1カロリーは「1グラムの水の温度を摂氏1度上げるのに必要な熱量」です。その

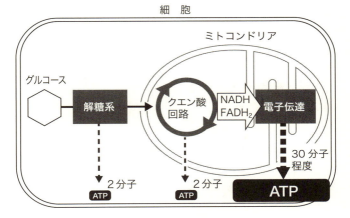

図 2-5 グルコースから ATP がつくられるまで

68.6 万倍という大きなエネルギーが一挙に発生したら、細胞の構造は破壊され、多くのタンパク質の立体構造が壊れ生物はとても生きられません。

こんな危機的な状況にならないように、生物は燃料であるグルコースを段階的に分解し、この過程でグルコースの化学エネルギーは小分けにされて、ATP に保持されます。

グルコースの化学エネルギーから ATP にエネルギーが保持される過程の全体がわかるように、一つの模式図を示しましょう（図 2-5）。図は、グルコースを出発点にして、「解糖系」、「クエン酸回路」、「電子伝達」とよばれる 3 つの過程で ATP が生成することを表しています。解糖系の反応は細胞質の部分で進み、クエン酸回路と電子伝達の過程はミトコンドリアで進みます。

酸素が十分にあるとき、1 分子のグルコースから得られ

るエネルギーによって、最大で38分子のATPをつくることができます。その内訳は、解糖系で2分子、電子伝達（呼吸鎖）で三十数分子ですから、電子伝達の過程の方が圧倒的に多くをつくり出しており、本書で解説するATP合成はこれが中心です。はじめに、順序よく解糖系の方から見ていきましょう。

●●●解糖系でのグルコースの反応

　解糖系の反応が進む場所は、細胞質です。細胞膜を横切って細胞内に取り込まれたグルコース（$C_6H_{12}O_6$）は、すぐに6番目の炭素原子にリン酸1分子が結合した新たな化合物となり、細胞膜のトランスポーターを通過して外に出ることはできなくなります。このリン酸を結合させるのもATPの役割です。ATPの一番端のリン酸が離れてグルコースに結合します。

　もとのグルコースの炭素の数6個と、結合したリン酸の数1個に着目して、できた化合物を「C6~P」のように表してみましょう。すると、このあと細胞質内で進む反応は図2-6のように表すことができます。

　ATPによってリン酸がくっついたり、全体が半分に分かれたり、今度はリン酸がADPに結合してATPができたりと、5段階の反応を経て、最後はピルビン酸（$CH_3COCOOH$）2分子となります。それぞれの過程では、酵素がはたらくことで反応が進んでいきます。グルコースからピルビン酸まで糖が分解されるこの段階的な反応をまとめて解糖系といいます。

　解糖系では、はじめの段階でATPを2分子使い、炭素

3原子の糖になってからATPが4分子できますから、差し引きで2分子ができます。

解糖系でATPがつくられる反応は、糖に結合したリン

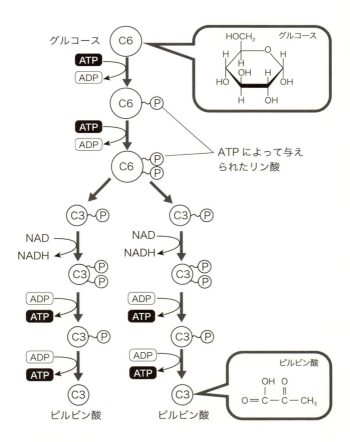

図2-6　解糖系の流れ
炭素の数、リン酸の数、ADPやATPだけに着目してまとめた。

酸（図 2-6 の C3~2P と C3~P）が酵素のはたらきによってADP に移動することで起こります。これは、酵素に結合した化合物（基質とよばれる）がリン酸と結合して反応が起こる、通常のよく知られる酵素反応で、図 2-7 のように表すことができます。酵素が基質の ADP と C3~2P をとらえ、ちょうどよい位置で接近した基質どうしの間で反応が起こるのです。このことを強調して、「基質レベルのリン酸化」といわれます。

解糖系では、単純な基質レベルのリン酸化で ADP から ATP がつくられましたが、次に解説するミトコンドリアでは、解糖系とは全く違うメカニズムでもっと多くの ATP がつくられます。

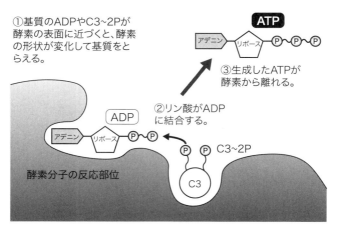

図 2-7　基質レベルの ATP 合成の模式図

●●● 筋肉でも解糖系から ATP

　最大限に活動している筋肉では、酸素とグルコースの供給が十分でない状況になることがあります。このようなときには、筋肉に貯蔵グリコーゲンとして保存されているグルコースが使われます。エネルギーを補うためにグリコーゲンは分解されると同時にリン酸が結合します。これがすぐに解糖系に入り合計で3分子の ATP がつくられ、筋肉の活動に使われるのです。

　解糖系は、微生物やヒト、酸素のないところで生きる細菌も含めて、ほぼ全ての生物で同じシステムです。このような共通点は、生物が同じ祖先から進化したという仮説を支持しています。

3　ミトコンドリアでエネルギー変換

●●● クエン酸回路の流れ

　動物細胞では、解糖系までは細胞質が分担し、以降の代謝はオルガネラである**ミトコンドリア**（図2-8）が担当します。解糖系でつくられたピルビン酸は、ミトコンドリアを囲んでいる2つの膜——外膜と内膜——を横切ってトランスポーターが内部に取り込みます。そして、高校の生物教科書にも載っている「クエン酸回路」（図2-9）という8種の酵素からなる反応系に入ります。

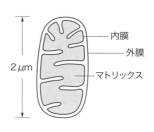

図 2-8　ミトコンドリア

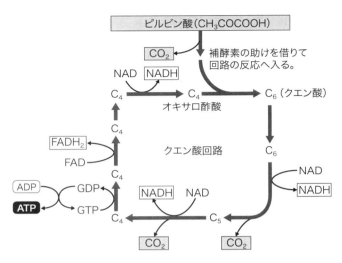

図 2-9 クエン酸回路 GTP は本文で解説していないが、簡単に ATP に変換される化合物である。

「回路」とよばれるのは、炭素数の異なるいろいろな化合物が次々に変化し、ぐるっと一巡してもとにもどることが繰り返されるからです。この回路に解糖系でできたピルビン酸が入っていくのですが、そのまま入ることはできません。詳細は省略しますが、補酵素とよばれる、酵素機能を補う化合物がかかわります。

クエン酸回路は、イギリスのクレブス（H. A. Krebs）が提唱したので、クレブス回路ともいわれています。図 2-9 に示した回路には 8 種の酵素があり、複雑な反応が続きます。ポイントは回路を 1 周すると 1 分子のピルビン酸から、2 分子の CO_2 が生成するとともに、1 分子の ATP、

1分子のFADH$_2$、3分子のNADHができることです。

FADH$_2$とNADHは還元剤であり、第1章で述べたNADPHのように電子や水素イオンを他に与えるはたらきをします。この電子は次項で述べる電子伝達（呼吸鎖）に供給されます。

クエン酸回路によって、解糖系から来たピルビン酸は、ミトコンドリアで3分子の二酸化炭素になります。グルコースを出発点にして述べれば、1分子のグルコース（炭素原子6つからなる）は2分子のピルビン酸（炭素原子3つ）を経て6分子の二酸化炭素（炭素原子1つ）となるのです。これで、グルコースの炭素原子は全て二酸化炭素になり、完全に分解されたことになります。

このように、1分子のグルコースから2分子のATPと8分子の還元剤（FADH$_2$とNADH）ができたのは、いかにも生物らしいところです。ピルビン酸を1つの反応でいきなり二酸化炭素にしてしまったのでは、他の反応に使いやすいようにエネルギーを小分けにして化合物に保持させることができません。

●●● 電子伝達のしくみ

クエン酸回路によって、ミトコンドリアの内部にできたNADHとFADH$_2$の水素原子は、水素イオン（H$^+$）と電子（e$^-$）になり、電子は数段階の複合体を経て最終的には酸素にわたって水ができます。この電子が移動する過程を**電子伝達**とよび、酸素が使われるまでの過程でもあるので**呼吸鎖**ともいわれます。細胞において酸素の大部分は、ここで使われます。電子の「伝達」とよばれるのは、電流の

ように導体を流れるのではなく、隣り合う分子の電子軌道から電子軌道へと受け渡されるように移動するからです。

NADHやFADH$_2$はいずれも、いきなり酸素と反応するのではなく、電子伝達を経ることによって、生物に使いやすい形のエネルギーに変換されます。

電子伝達には、ミトコンドリアの内膜に埋め込まれたⅠ、Ⅱ、Ⅲ、Ⅳの4つの**複合体**が関与します（図2-10）。複合体というのは、複数のタンパク質が組み合わさったものです（タンパク質の構造は第3章でくわしく解説します）。複合体は、ここでは電子伝達をするためのパーツともいえます。いずれも、ミトコンドリア内膜の裏から表へと突き抜けた構造をしています。

複合体Ⅰによって、クエン酸回路からきたNADHの水

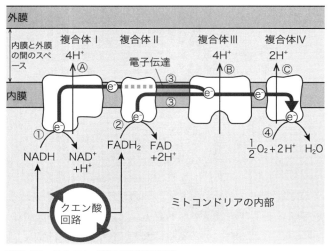

図2-10　ミトコンドリアの電子伝達

素は取り外され、水素イオン（H$^+$）と電子（e$^-$）になります（図中の①）。

NADHと同じように、クエン酸回路でできた還元剤FADH$_2$の電子も電子伝達に入ります（図中の②）。これらの電子は、複合体ⅠとⅡから複合体Ⅲに伝えられます（図中の③）。そして電子がたどりついた複合体Ⅳでは、1分子の酸素、4つの水素イオンと4つの電子をもとにして、2分子のH$_2$Oを生成します（図中の④）。

●●● 水素イオンの輸送でATP合成

電子の伝達の過程で、複合体は電子を運ぶだけでなく、そのエネルギーを利用して、ATP合成に欠かせない重要なはたらきをします。それは、「水素イオンをミトコンドリアの膜の内から外へ輸送する」はたらきです。

水素イオンの輸送されるところは3ヵ所あり、図中のⒶ、Ⓑ、Ⓒの上向きの矢印です。これによって、膜の内外で水素イオン濃度に差ができ、水を蓄えたダムのようにエネルギーを蓄え、第3章で解説するATP合成酵素にエネルギーを供給することになります。

グルコース・トランスポーターをはたらかせるナトリウムイオンの濃度差のエネルギーについてはすでに解説しましたが、水素イオンの濃度差は、まさにATP合成の主なエネルギーとなることがこれからの解説でわかります。

電子伝達を行い水素イオンを輸送する複合体は、X線回折に始まる研究で立体構造が明らかになっています。複合体Ⅳの正体は13のタンパク質が組み合わさったもので、ミトコンドリアの内膜の内側から外側へと膜を貫くように

埋め込まれています。

さて、グルコースが細胞内に入り、解糖系、クエン酸回路、電子伝達（呼吸鎖）に至るまでを述べてきましたが、つくられたATPは4分子でした。次に、電子伝達にATP合成酵素が加わると、ADPとリン酸から三十数分子のATPが合成されるのです。これは動物に必要なATPの90パーセント以上に当たります。クエン酸回路からATP合成に至るまでの全過程を担当しているミトコンドリアがエネルギー生産オルガネラとよばれる理由です。

ATP合成酵素のくわしいしくみの解説を第3章で始める前に、次の節では、電子伝達とATP合成がどのようにつながっているかを解明した研究の歴史を振り返っておきたいと思います。

4 エネルギー変換のメカニズム解明の歴史

●●● 電子伝達とATP合成をつなぐ化合物「化学説」

ミトコンドリアでATPがつくられるメカニズムを、私たちが知るまでには長い年月がかかりました。電子伝達から酸素が使われるまでの過程がATPをつくる反応に必要であることは1950年末までには明らかになっており、2つを合わせて酸化的リン酸化（酸素を消費するADPからATPの合成）とよばれました。すでに出てきましたが、葉緑体では光からの電子伝達のエネルギーによってATPが合成されました。こちらは光リン酸化とよばれます。

このように見ると、ミトコンドリアと葉緑体は、いずれも電子伝達のエネルギーを変換してATPを合成しており、

基本的に同じメカニズムといえます。それでは、電子伝達とATP合成は、どのようにつながっているのでしょうか。歴史的な探究の過程をなぞってみましょう。

「電子伝達とATP合成をつなぐ化合物があるに違いない」——この考えからATP合成の化学説が始まりました。生物は化学で解明できると考えてきた伝統に沿っています。この説では、「電子伝達の過程でADPにリン酸を渡す特殊な化合物が生成する」と考えました。特殊な化合物を「X~Y」と表し、これにリン酸(P)を結合したものを「X~P」としましょう。ATPの合成にかかわる化合物は特別な化学結合をもつという考えから、XとY、そしてXとPは「~」でつないで表しています。「X~Y」からリン酸を渡すことのできる化合物「X~P」ができ、「X~P」のリン酸がADPに移って、高エネルギー・リン酸結合をもつATPがつくられるという説です。

残念ながら、X~YとX~Pは発見されませんでしたが、化学説は生物学における考え方（仮説）として、歴史的な意味をもっています。次に示しますが、実際には、このような「特殊な化合物」を考える必要のないメカニズムによってATPがつくられています。

●●● 水素イオンが主役の「化学浸透圧説」

化学説に対して、1961年にイギリスのピーター・ミッチェル（P. Mitchell）が水素イオン（H^+）を主役とする考え「化学浸透圧説」を提案しました。

ミッチェルは自宅に実験室をつくり、簡単な装置を使って研究を進めていました。彼が1960年代の初頭に到達し

た説は、図2-11のようになります。図では簡潔にするために、電子伝達を1つのシステムとして描いています。電子が伝達されるにともなって、ミトコンドリアの内部から外へと水素イオンが移動します。次に、この水素イオンが濃度の高い外から低いミトコンドリア内部へと流れるエネルギーによって、ATP合成酵素がADPとリン酸からATPを合成するという考えです。実際に水素イオンがATP合成酵素の中を通るのです。

この説の意味を確認するために、もう一度電子が伝達される過程を振り返ってみましょう。

ミトコンドリアの膜では、電子伝達にかかわる4つの複合体Ⅰ～Ⅳから、約10の水素イオンがミトコンドリアの中から外に輸送されていました（図2-10）。また、葉緑体のチラコイドの膜でも、光のエネルギーに由来する電子伝達によって水素イオンが内部に輸送されていました（図1-9）。これによってできた濃度差が、ダムに蓄えられた水

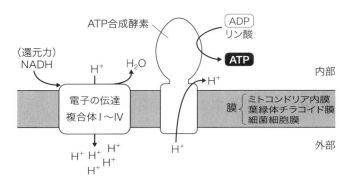

図2-11　化学浸透圧説でのATPの合成

のように、水素イオンにエネルギーを蓄えさせます。そして、エネルギーを蓄えた水素イオンは、膜に埋め込まれたATP合成酵素の中を流れ、ATP合成にエネルギーを与えるというわけです。

　ミッチェルの「化学浸透圧説」は、1970年代初めまでに実験的に実証されました。多くの研究者の地道な努力の成果です。

　しかし、「水素イオンがタンパク質の中を移動し、化学反応を進める」あるいは「化学反応によって、水素イオンがタンパク質の中を移動する」という考えは生物学者にとって大きな発想の転換でした。解糖系のように、生物の代謝は化学式によって理解されてきたので、化学式にはない水素イオンの役割を生物学者が理解するのには時間がかかったのです。1975年に至っても、ストライヤー（L. Stryer）が出した教科書には、ATP合成には化学説と化学浸透圧説（ミッチェルの説）があると併記されていました。それでは、実際に水素イオンの流れがADPとリン酸からATPをつくることができるでしょうか。それを調べた実験を見ましょう。

●●● 水素イオンの濃度差からATP合成を証明した実験

　水素イオンの濃度差がATP合成酵素のエネルギーであるというミッチェルの説は、どのようにして証明されたのでしょうか。最初に証明したのは、植物生理学者のアンドレイ・ヤーゲンドルフ（A. Jagendorf）（コーネル大学）でした。1962年に報告されています。彼が注目したのは、ミトコンドリアではなく、葉緑体のチラコイドにおける

ATP の合成でした。

　まず、光がどんな作用をしているのかを知るために、葉緑体のチラコイドに光を当て、すぐに暗くしました。測定すると、チラコイドを入れた水溶液がアルカリ性に変化しており、そこに ADP とリン酸を入れると、光のないところで ATP が合成されたのです。この現象を、ヤーゲンドルフは、光の照射によって水素イオンがチラコイド内部に移動し、外側がアルカリ性になったと考えました。

　この実験とミッチェルの説を考え合わせて、ヤーゲンドルフは「チラコイドの内と外で水素イオンの濃度差さえあれば、暗いところで ATP ができるのではないか」という着想に至ります。

　その着想に沿って彼が水素イオンの役割を証明した実験では、暗いところで薄い酸性の緩衝液にチラコイドを懸濁し、内部を酸性にします（図2-12）。次に外側をアルカリ性にすると、チラコイドの内部と外とに水素イオン濃度（pH）の差ができます。これに ADP とリン酸を入れると、ATP が合成されました。このようにして、水素イオンの濃度差のエネルギーを使って ATP をつくることに成功しました。

　もちろん、ヤーゲンドルフは他の条件についても検討しました。上の実験とは逆に内部アルカリ性・外部酸性という条件、あるいは、内外とも同じアルカリ性という条件にしてみたのですが、ATP はできなかったのです。

　ここでは、ミトコンドリアではなく、葉緑体における ATP 合成の例でしたが、水素イオンの濃度差が ATP 合成酵素のエネルギーであることが証明されたのです。

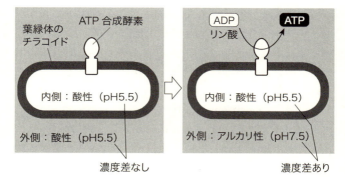

図2-12 水素イオン濃度(pH)の差がATPをつくるエネルギー

●●● 水素イオンが主役の研究が加速

さらに確認のために、ATPを合成できる条件(内部酸性・外部アルカリ性)のチラコイドに、水素イオンが膜を横切って自由に通れるようにする薬品(試薬)を加え、チラコイド内外の水素イオンの濃度差を取り去ったところ、ATPは合成されませんでした。

水素イオンを自由に通れるようにする試薬は、水素イオンが通るように膜に穴を開けてしまうものなどがあります。

酸性とアルカリ性を巧妙に使ったヤーゲンドルフの実験は、「光からの電子伝達によってチラコイドの内部にたまった水素イオンがATP合成酵素の中を外側へと流れ出るエネルギーによって、ATPが合成される」という機構を示したのです。確かに、ATP合成の主役は水素イオンなのです。このようにして、ヤーゲンドルフがミッチェルの説を受け入れた最初の研究者となりました。

同じような実験が後に、ミトコンドリアや細菌でも行わ

れ、ミッチェルの説は証明されました。私がコーネル大学でヤーゲンドルフの植物生理学の講義を聞いたのは1973年です。水素イオンの濃度差（pHの差）さえあれば、葉緑体は暗いところでATPをつくることができる、と誇らしげに解説していたことを今でも思い出します。

　陽イオンの水素イオン（H^+）が主役ですから、強制的に水素イオンが動くような条件にすると、ATPが合成されると考えられます。実際に暗いところでチラコイドを懸濁した液に電圧をかけると、ATPが合成されました。1975年に行われたベルリン工科大学のウィット（H. T. Witt）の実験です。ATP合成について研究が加速された時期でした。

●●● 動植物から細菌まで膜でATP合成

　どんな生物でも、「閉じている膜」でATPがつくられています。例として、ウシのミトコンドリアの小胞、ホウレンソウの葉緑体のチラコイド、大腸菌の細胞膜を比べてみましょう。

　ADPとリン酸からATPをつくる触媒部位は、チラコイドでは膜の外側に向いています。ミトコンドリアでは膜の内側に向いているのですが、超音波を照射すると、うまい具合に裏返って閉じた小胞を形成し、チラコイドと同じようにATPの合成の触媒部位が外側になります（図2-13）。大腸菌も圧力をかけて壊すと、チラコイドと同じような裏返った小胞が取れます。このようにいずれの膜でも、電子の受け渡しにともなって、水素イオンが膜を横切って内部へと輸送されます。平面のような膜の断片では、内外の区別は難しく水素イオンの濃度差もできないので、小

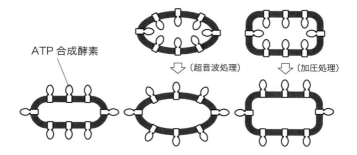

図 2-13　生物エネルギー研究対象

胞であることが必要なのです。

そして、いったん内部に入った水素イオンが外に流れ出るときのエネルギーによってATPが合成されるメカニズムは、ミトコンドリア、チラコイド、そして大腸菌の膜でも同じです。こうした知見は1970年代になってようやく確立したのです。

●●● ウシの酵素と好塩菌のタンパク質が確実にした「化学浸透圧説」

ここまで述べてきますと、「水素イオンを輸送するタンパク質とATPを合成する酵素の2つが同じ膜にあればATPがつくられるのではないか」と思いませんか？　また、水素イオンを輸送するのは、電子伝達（呼吸鎖）でなくともよいはずです。実際に、好塩菌という細菌では、光を当てると細胞膜にあるバクテリオロドプシンというタンパク質が水素イオンを細胞の外へ出し、その水素イオンを

使って ATP が合成されます。この例では「光→水素イオン（細胞外へ）→水素イオン（細胞内へ）→ ATP 合成」という流れで、光のエネルギーが反応の始まりですから、ATP の光合成といってもよいでしょう。

さらに大胆に、「全く異なる生物に由来する ATP 合成酵素と水素イオン輸送タンパク質を組み合わせても、ATP はつくられるはずだ」という予想も成り立つでしょう。実際に、エフレイム・ラッカー（コーネル大学）は、好塩菌に由来するバクテリオロドプシンと、ウシに由来するミトコンドリアの ATP 合成酵素を入れた膜小胞を人工的につくりました。光を当てると、バクテリオロドプシンが水素イオンを膜小胞の内側へ輸送し、これがウシの ATP 合成酵素の中を通って小胞の外へと流れて、小胞の外側で ADP とリン酸から ATP ができたのです（図2-14）。1970 年代半ばの実験です。光を使う人工的な ATP 合成装置を細菌とウシのタンパク質からつくった、といえます。このエレガントな実験は、ミッチェルの化学

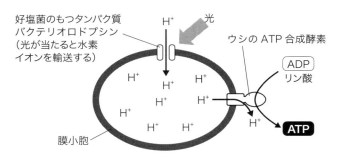

図 2-14　ウシと好塩菌のタンパク質でつくった ATP 合成装置

浸透圧説を確実なものにしたのです。

実は、人工的に膜小胞をつくりタンパク質を入れるといっても、タンパク質がいろいろな向き――望まない向き――で膜に入る可能性があります。ラッカーの実験では、幸運にも望んだ向きでバクテリオロドプシンが人工の膜に入り、水素イオンを膜小胞の内側に輸送しました。もしこのタンパク質が逆向きで膜に入り、光によって水素イオンを外側に輸送していたら、ATPはできなかったのです。実験を成功させるには、運も味方につけなければいけません。

●●● できたATPをミトコンドリアの外へ

グルコースから解糖系、クエン酸回路、電子伝達を経てATPが合成されるのを見てきました。細菌の場合には、ATP合成の全ての過程が細胞質で行われます。酵母や動物細胞では、グルコースは細胞質の解糖系でピルビン酸となり、その後はミトコンドリア内部での仕事です。しかし、でき上がったATPの大半は、ミトコンドリアの外で使われるので細胞質へ出されます。エネルギー代謝と変換にはいろいろなトランスポーターが関与しているのです。

本節の最後に、ミトコンドリアの「内へ」「外へ」の物質の移動をまとめておきましょう。

細胞質でつくられたピルビン酸は、トランスポーターによってミトコンドリアの内部に取り込まれ、クエン酸回路で代謝されます。次に電子伝達によって、水素イオンをミトコンドリアの外に出し、これが内部に戻るエネルギーでATP合成酵素によってATPがつくられます。

ミトコンドリア内部でつくられたATPは細胞質に出さ

れ、外でエネルギー通貨として使われ、ADPとリン酸となってミトコンドリアに戻ってきます。ここで活躍するのが、ミトコンドリアの内膜にあるATP/ADP交換トランスポーターです。このトランスポーターは完成したATPを外に出し、原料のADPを取り入れる逆輸送をしており、ATPの迅速なリサイクルに貢献しています（図2-15）。

　ATP合成のもう一つの原料、リン酸は別のトランスポーターによって、ミトコンドリアに戻ってきます。このように、内膜にある各種のトランスポーターによってミトコンドリアの内外で生産物と原料が過不足なく保たれます。

　ミトコンドリアには、エネルギー変換をしている内膜の外側にもう一つ外膜とよばれる膜があります（図2-8）。この膜はミトコンドリアの構造を保つだけでなく、分子量

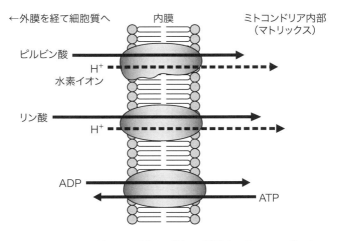

図2-15　ミトコンドリアの「内へ」「外へ」輸送するトランスポーター

が700ほどの化合物が自由に通れる通路があります。この通路は内膜を通ってきたATPと外からの原料が自由に通過できます。

5 広く使われる水素イオン

水素イオンと細菌の鞭毛

水素イオン濃度の差がエネルギーを蓄えていることを実感するために、本章の最後に少し寄り道して、他の例も見てみましょう。実は、水素イオンがエネルギーになるのはATP合成だけではありません。水素イオンの濃度差はヒトから細菌に至るまで幅広く使われています。

それを実感できる例には、鞭毛（図2-16）を使った細菌の運動があります。菌体の数倍の長さの鞭毛は、細胞膜から外に突き出した運動器官です。細胞膜にある固定子と鞭毛の基部の間を、1000個以上の水素イオンが流入し1回転します。流れる水のエネルギーが水車を回転させるのと似ています。

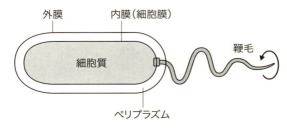

図2-16　細菌の鞭毛の回転運動　水素イオンの流れで鞭毛の基部を回転させている。

鞭毛が回転を続けると、船のスクリューのようになり、細菌は泳ぐことができます。1分間に約2万回転という速度です。このメカニズムを使って、菌は餌となる糖やアミノ酸などに向かって泳ぎます。菌によっては、殺菌剤から逃げたり、光に向かって泳いだりもします。

　菌を蛍光試薬で標識して、光学顕微鏡で観察すると、鞭毛を回転させて、泳いでいる様子がはっきりと見えます。逆に鞭毛をガラス面に固定すると、菌の方が回転します。しかし、水素イオンの濃度差を壊す試薬を加えると細菌は止まってしまいます。

　それでは、細菌は、どのくらいの速度で泳ぐのでしょうか。長さ（体長）が約2.5マイクロメートルほどの大腸菌は1秒間に約25マイクロメートル進みます。細菌は1秒間に体長の10倍の距離を泳ぐことになります。身長170センチメートルのヒトでは、どうでしょうか。100メートルの自由形の世界記録を47秒とすると、17メートル泳ぐのには、約8秒かかることになります。したがって、体長の10倍の距離を細菌はヒトの8分の1の時間で泳いでいることになるのです。細菌は少ないエネルギー消費量でヒトより速く泳いでいるのです。

●◐◯ 水素イオンと共輸送・逆輸送

　細菌や酵母からヒトに至るまで、細胞は細胞膜に囲まれた独立の空間をつくっています。したがって、生きるために糖やアミノ酸などの栄養物質やイオンを外から細胞内に取り入れる必要があります。これには、トランスポーターがかかわっています。グルコースの代謝のところで出てき

た、細胞膜を横切って内部に取り入れるタンパク質です。このトランスポーターはナトリウムイオンの濃度差をエネルギーとして使っていました。ナトリウムイオンとグルコースとの共輸送というメカニズムです（図2-4）。

これに対して、水素イオンの濃度差のエネルギーを使う輸送が細菌からヒトに至るまで広く見られます。こちらは水素イオンとの共輸送とよばれ、細胞膜やオルガネラ膜を介した物質の輸送です。ミトコンドリア内部へリン酸やピルビン酸を取り込むトランスポーターも水素イオンとの共輸送をしています。いずれも濃度の高いところから低いところへと流れる水素イオンがエネルギーになっています。

共輸送に対して、イオンや分子を反対方向（逆方向）に輸送するメカニズムが知られています。英語ではアンチポート（antiport）ですが、これを訳して逆輸送あるいは対向輸送とよばれています。代表的なのは、ナトリウムイオンを外に出し、同時に水素イオンを細胞内に取り入れるトランスポーターです。ナトリウム・水素イオン対向輸送担体ともいわれます。それぞれ別の通り道がトランスポーターの中にあると考えられます。この輸送によって、細胞は内外の水素イオンの濃度差をナトリウムイオンの濃度差に変えることができます。私たちの神経細胞にある小胞が伝達物質を取り込むときも逆輸送が使われている例があります。すでに出てきましたが、ミトコンドリアのATP/ADP交換トランスポーターも逆輸送をしています。

このように、生物は1つだけではなくいくつかの方法によって、細胞やオルガネラの内部にいろいろな物質を輸送しています。

豆　知　識

酸素がないときの ATP 合成は解糖系で

　本章では、電子伝達の過程が ATP 合成に重要な役割を果たし、解糖系でつくられる ATP の数が少ないことを解説しました。電子伝達（呼吸鎖）では、最後に酸素が反応して水ができます。つまり、電子伝達によって ATP を合成するには、酸素が必要です。

　これに対して、酸素のない条件で生きる微生物や細菌では、解糖系だけでエネルギー生産をしています。解糖系では、グルコースから 2 分子のピルビン酸と 2 分子の ATP がつくられることは本章で解説しました。酸素がない条件では、ピルビン酸（$CH_3COCOOH$）の代わりに、乳酸（$CH_3CH(OH)COOH$）ができます。酸素のあるときに比べて、できる ATP は 2 分子と効率は悪いのですが、解糖系だけで ATP をつくり続けることができます。

　実は、酸素のないときのピルビン酸の代謝は、「発酵」とよばれているものです。その例として、酵母や乳酸菌のはたらきがあげられます。酵母では、ピルビン酸はアセトアルデヒドになり、さらに還元されてエタノールができます。いわゆるアルコール発酵です。また、乳酸菌では、ピルビン酸から乳酸をつくります。酵母や乳酸菌が、処理しきれない物質を外に出しているのを人間が利用しているのです。

　また、私たちの体の中でも、ミトコンドリアをもたない赤血球や目の角膜の細胞では解糖系がつくる ATP だけに頼っています。エネルギー代謝から考えると、例外的な細胞といえます。

第3章
生物の細胞内で。すごい性能のATP合成酵素

　私たちは生きるために、たくさんのATPを効率よく合成しています。使っているエネルギーは、水素イオン（プロトンともいわれます）の濃度差であることがわかりました。

　どのようにして、水素イオンのエネルギーでATPをつくる化学反応が進むのでしょうか？　さらにくわしいメカニズムが明らかになるまでには、長い年月が必要でした。

1 ATPをつくる酵素を求めて

●●● 最初に見つかった「ファクター・ワン」

これまで話を進めてきたように、生物エネルギーの研究は、ミトコンドリアについての研究が先導していました。研究の材料となったのは、1970年代の半ばまでは、食肉処理場で手に入れたウシの心臓でした。研究補助員（テクニシャン）が数台の遠心分離機を使って、細胞からミトコンドリアを取り出し、さらにその膜を超音波処理で裏返しにした小胞をつくります。すでに第2章でも紹介した方法です。

膜を裏返した小胞は、その外側がもともとのミトコンドリアの内側なので、内部で行われる反応を研究するのによい材料でした。裏返った小胞では、ミトコンドリアの内部の構造や、内部で起こる反応を、小胞の外側の溶液から調べられるのです。

これを用いて何人もの博士研究員がATP合成を研究していました。研究材料の加工を行う過程と、それを使った研究が分業化された、まるで工場のラインのような研究室が、アメリカにはありました。

その一つが、ニューヨーク州の中部にあるコーネル大学のエフレイム・ラッカー（E. Racker）教授の研究室でした。この研究室では、ミトコンドリアの小胞から抽出されるタンパク質の中から、ATP合成に必要なファクター——ATP合成酵素を構成する要素——を取り出すのに成功しました。ここで「構成する要素」と書いたのは、ATP合成には複数のタンパク質（酵素）がかかわっていると考え

られており、その一部のタンパク質のことを指しています。1960年代初頭のことです。取り出した構成するタンパク質を精製して、**ファクター・ワン**（Factor 1）、略してエフ・ワン（**F1**）と名付けました。F1は、ATP合成の逆反応（ATPを加水分解）をする酵素でした。ATP合成酵素の研究の始まりです。逆反応をする酵素が、なぜATP合成酵素の一部と考えられたのか疑問に感じたかもしれません。ラッカーらが、見つけ出した酵素をATP合成酵素のファクターであると考えたのは、ファクター・ワンを洗い去ったミトコンドリアの小胞は、ATPの合成ができなかったからです。

ところが、ラッカーがモスクワの国際学会でファクター・ワンを発表したところ、「そのファクターはオリゴマイシンで阻害されますか」と質問されました。「阻害されません」と答えると、「あなたの取ったファクターはATP合成とは関係ないでしょう」と言われたのです。

この質問に出てきた「オリゴマイシン」というのは、ATP合成酵素を阻害する抗生物質です。したがって、「オリゴマイシンによって阻害されないのはおかしい」という質問者の指摘はもっともでした。ラッカーと共同研究者はファクター・ワンが本当にATP合成のファクターなのか、他にファクターはないのか、これらの疑問を明らかにするために、さらに研究を進めました。

●●● もう一つの「ファクター・オー」

ファクター・ワンを洗い去ったミトコンドリアの小胞は、ATPの合成も加水分解もできません。しかし、この小胞

に精製したファクター・ワンを加えると、ATPの合成が回復することがわかりました。同時に、オリゴマイシンで阻害されるATPの加水分解も観察されました。ファクター・ワンは確かにATP合成のファクターでしたが、なぜかそれ単独では、ATP合成の逆反応（ATPの加水分解）をする酵素だったのです。

　それでは、ファクター・ワンがATPを合成できるようにする別の未知のファクターが小胞にあるはずです。これを**ファクター・オー（Fo）**と名付けました。Foの"o"はオリゴマイシンに由来しています。この頃に描かれたATP合成酵素のモデル（推定構造）は２つの部分からできた単純なものでした（図3-1）。

　このようにして「ファクター・オーは何か」を明らかにする研究がコーネル大学で始まりました。香川靖雄（後に自治医科大学）とラッカーがミトコンドリアから、ファクター・ワンとファクター・オーを含む、図3-1に対応するような酵素を単離したのが1970年代の初頭です。この酵素を人工的な膜に入れると、ATP合成反応の一部が観察できました。ATP合成酵素の実体を明らかにしようとした先駆的な実験です。

　ATP合成酵素の研究が構成因子ファクター（Factor）から始まったことから、ファクターのFを

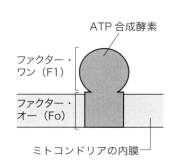

図3-1　ATP合成酵素のはじめてのモデル（F1とFo）

つけて、ATP をつくる酵素は、F 型 ATP 合成酵素、F 型 ATP アーゼ、とよばれるようになりました。

ATP アーゼは ATP を利用していろいろなはたらきをする酵素の一般的な名前で、ATP 合成酵素もこれに含まれます。しかし、本書では、話を複雑にしないために、「ATP アーゼ」とは区別して、「ATP 合成酵素」という名称を続けて使います。

これから ATP 合成酵素の構造とメカニズムに注目していきますが、私たちが全体像を知ったのは 1980 年代、構造に即してメカニズムが考えられるようになったのは 1990 年代です。2000 年代になっても、研究が続いています。なぜ、こんなに時間がかかるのでしょうか。それは ATP 合成酵素が従来の酵素の概念をはるかに超えた新しい構造をもっており、ユニークなメカニズムで ATP を合成しているからです。

●●● タンパク質の基礎知識

ファクター・ワンやファクター・オーの構造や機能の解明に入る前に、**タンパク質**の基礎的な知識——構成するアミノ酸、立体構造、サブユニットがたくさん集まってできる構造、など——について、ここでまとめておきましょう。

タンパク質は、20 種類ある**アミノ酸**が 100 個から 1000 個ほどつながってできています。図 3-2 はアミノ酸の一般的な構造を説明したものです。炭素原子にアミノ基($-NH_3^+$) とカルボキシル基($-COO^-$) が結合しています。R は、アミノ酸の種類ごとに異なる部分で、側鎖とよばれます。タンパク質を構成するアミノ酸の代表的なものの構

造式も示しておきました。

アミノ酸どうしがつながるときは、隣り合うアミノ酸のアミノ基（$-NH_3^+$）とカルボキシル基（$-COO^-$）の部分が図3-3(a)のようにつながります。この結合を**ペプチド結合**といいます。

20種類のアミノ酸がつながる配列のことを**一次構造**といいます。染色体のDNA上にある遺伝暗号をもとに、20種類のアミノ酸がさまざまな順序で一列に並べられて一次構造になります。

アミノ酸が次々につながったタンパク質の末端ではアミノ基とカルボキシル基が結合に使われないで残ります。これを**アミノ末端**と**カルボキシル末端**ということも覚えておきましょう（図3-3）。

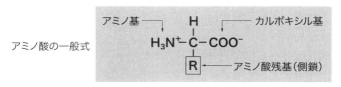

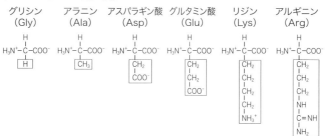

図 3-2　アミノ酸の例と構造

一列につながったいろいろなアミノ酸は、その種類ごとに異なる側鎖が出ています。側鎖は、グリシンというアミノ酸では水素（H）です。アスパラギン酸やグルタミン酸というアミノ酸では、側鎖にカルボキシル基があることが特徴です。リジンというアミノ酸には、側鎖にアミノ基があります。それぞれマイナスとプラスの電荷をもつ側鎖です。また、炭化水素の側鎖をもつアミノ酸もあり、この側鎖は、疎水性という水に溶けにくい性質を示します。これらのいろいろな側鎖の個性が、タンパク質の機能に重要な役割をします。

　ペプチド結合の性質、側鎖と側鎖の間の弱い相互作用によって部分的な立体構造である**二次構造**が決まります。弱い相互作用としては、電気的にマイナスの電荷と水素原子

(a) 2つのアミノ酸の結合はペプチド結合

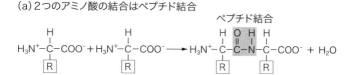

(b) タンパク質の一次構造の例

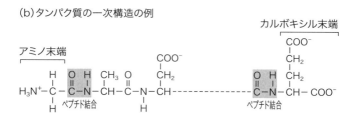

図 3-3　アミノ酸の結合のしかたとタンパク質の一次構造

の間の引力（水素結合）、水に溶けにくい側鎖の間の疎水的な相互作用、プラスとマイナスの電荷をもつ側鎖の引力などがあります。これらの作用によって、側鎖どうしが引き合ったり反発し合ったりすることなどで、アミノ酸の連なったタンパク質は自然と決まった姿に折れ曲がるのです。

X線解析などから確認された二次構造として、ねじれた右巻きのラセン状のαヘリックス、シート状のβシート、これらをつなぐループなどがあります（図3-4）。

たくさんの二次構造が組み合わされたり、たたまれたりして、球状、棒状、繊維状などの多様な構造ができ、タンパク質分子全体の立体構造ができあがります。これが**三次構造**です。ほとんどの酵素やタンパク質は、この三次構造で完成し、いろいろな機能を示すようになります。

いろいろなタンパク質の機能の中でも、特に触媒のはた

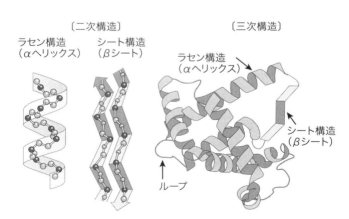

図3-4　タンパク質の二次構造と三次構造

らき――自身は変化せず、接した相手だけを変化させるはたらき――をするものを**酵素**といいます。酵素としてはたらくタンパク質以外にも、膜の中でトランスポーターなどイオンの通り道になるもの、細胞の骨格をつくるものなどいろいろなはたらきのタンパク質があります。

さらに、タンパク質分子が1つではなく、複数のタンパク質分子が集まって立体パズルのピースのように組み合わさり、大きな立体構造をつくり、複雑な機能をもつようになる場合があります。この組み合わさった立体構造が**四次構造**です。電子伝達の話のときに出てきた「複合体」というのは、四次構造をもつタンパク質です。また、四次構造をつくるタンパク質の一つ一つを**サブユニット**ということも覚えておいてください。

これから明らかになりますが、ATP合成酵素は四次構造をもち、触媒部位だけではなくイオンの通り道も備え、古典的な酵素の概念をはるかに超えた反応をしています。

タンパク質についての基礎知識をまとめたところで、話を先に進めましょう。

2　ATP合成酵素の正体の研究

●●● 大腸菌を使った研究で

私たちは「エネルギー生産を行う基本的なメカニズムは、植物（葉緑体）、動物（ミトコンドリア）、微生物や細菌を通じて同じだ」という強い思いをもっていました。もしその通りであれば、生物の中でも単純で遺伝学的にくわしく研究されている大腸菌を使えば、研究が迅速に進むはずで

す。

　ちなみに、大腸菌とミトコンドリアは、いずれも内膜と外膜に囲まれており、内膜には電子伝達（呼吸鎖）の複合体とATPを合成する酵素があります。また、ミトコンドリアには遺伝子DNAがあることから、その起源は、生命の進化の過程で他の生物の細胞内に入り込んで共生した細菌であると考えられています。このような知識も私たちの考えを支持しました。

　私たちが「大腸菌にもウシと同じATP合成酵素があるはずだ」と考えて、研究を始めたのは、1972年頃です。圧力をかけて大腸菌を壊したところ、チラコイドやミトコンドリアとよく似た小胞が取れました（第2章でもふれた方法です）。調べると、この小胞には電子伝達（呼吸鎖）がありATPを合成することができました。

　不思議なことに、1970年代の前半までには研究材料としての大腸菌の利点——どのような利点かは読み進むにつれわかります——を駆使したATP合成の研究はほとんど行われていませんでした。オーストラリアのグループがATP合成酵素に変異をもつ菌を分離していましたが、系統的な研究はなかったのです。

　そのような状況でしたから、「生物エネルギーのメカニズムはミトコンドリアも大腸菌も同じである」という考え方をミトコンドリアの研究者はなかなか受け入れませんでした。これを実感したのは、1979年にアメリカの生化学会のシンポジウムに筆者が招待されたときです。大腸菌のATP合成について私たちの最新の結果を講演しました。終了後に著名なミトコンドリアの研究者が立ち上がって、

「大腸菌にはミトコンドリアがないので、あなたの研究はATP合成とは関係ないのではないか」と質問したのです。

大腸菌はミトコンドリアとほぼ同じ大きさですから、内部にミトコンドリアがないのは当たり前です。私たちが指摘した「ミトコンドリアと大腸菌が同じメカニズムでATPを合成する」という考え方が、はじめは理解できなかったのでしょう。しかし私が説明すると、質問した研究者は納得したようでした。

同じ頃に、香川靖雄（自治医科大学）は、伊豆の温泉から分離した、熱に強い菌（高度好熱菌）を用いて先駆的な研究を始めていました。高度好熱菌から取り出したATP合成酵素は高温だけではなく、いろいろな条件で安定で、人工の膜に入れると水素イオンの濃度勾配によってATPが合成されました。ミッチェルの説を最終的に確立した実験です。「温泉」から始まった日本らしい研究が国際的になった瞬間でした。

●●● サブユニット構造の解明

さて、話を仕切り直し、時系列に沿ってATP合成酵素の構造と反応のメカニズムがどのように解明されたのかを述べましょう。それは、従来の概念をはるかに超えた酵素の正体が明らかになった歴史でもあります。1970年代の後半から2010年代に至る研究の流れです。

まずは、1970年代の初頭に、大腸菌のATP合成酵素を明らかにしようという研究を、私たちの研究グループがスタートしました。はじめに、大腸菌の細胞膜から、ATPの合成に必要なタンパク質が取れ、これがミトコンドリア

のファクター・ワンに対応すると考えました。精製すると、直径10ナノメートル（10nm=10万分の1ミリメートル）ほどの球形のタンパク質でした。これを、複数の小さなタンパク質——つまりタンパク質の基礎知識としてすでに説明したサブユニットが組み合わさった大きなタンパク質と考えて、一つ一つの部品となるタンパク質を、ある方法で分離しました。

ある方法とは、タンパク質を界面活性剤でばらばらにし、直流で電圧をかけることです。すると、分子量にしたがってプラスの方向に向かって動きます。個々のタンパク質の種類ごとに動く速さが違うので、分離することができます。電気泳動とよばれる方法です。

この方法によって、大腸菌のファクター・ワン（F1）と考えられるタンパク質は、5つの部品に分離することができ、分子量の大きい順に、ギリシャ文字を使ってα（アルファ）、β（ベータ）、γ（ガンマ）、δ（デルタ）、ε（イプシロン）と名付けられました（図3-5 ①の5つ）。

ATP合成酵素を構成している全てのサブユニットを知るには、さらに時間がかかりました。大きなタンパク質ですから、全てのサブユニットをもつATP合成酵素を精製するのは容易ではありません。細胞内にある酵素の量が少なく取り出しにくいこと

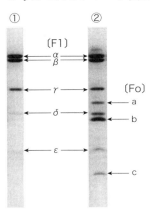

図3-5　電気泳動で分離したATP合成酵素のF1部分（①）と全体（②）

が、大きな理由でした。

そこで、ATP合成酵素の遺伝子だけを通常の4倍以上もつ大腸菌をつくったところ、F1とFoからなるATP合成酵素の量は数倍となり、簡単に取り出すことができるようになりました。このようにして、ATP合成酵素を取り出し、精製して電気泳動で調べると、F1に加えて、3つのサブユニットからなるFoがありました。Foのサブユニットは、a、b、cと命名されました（図3-5②）。タンパク質を過剰につくるようにしてから精製する、という方法は、他の研究にも応用できるでしょう。

全てのサブユニットがわかったところで、最近までに明らかにされたATP合成酵素の構造を模式的に見ると、図3-6のようになります。全体の構造は、サブユニットの名前を使って、$\alpha_3\beta_3\gamma\delta\varepsilon ab_2c_{10}$のように表されます。ギリシャ文字（$\alpha \sim \varepsilon$）で表されたものはF1のサブユニット、ローマ字（a〜c）で表されたものはFoのサブユニットで、サブユニットの文字の次に付けた数字は、それぞれの個数を示しています。たとえば、$\alpha_3\beta_3$は、αとβが3分子ずつあるということです。

このように、ATP合成酵素は、8種類のサブユニットが合計22分子集まり、分子量が30万を超える大きなタンパク質でし

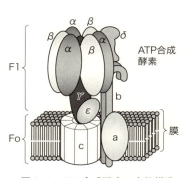

図3-6 ATP合成酵素の立体構造モデル

た。膜に埋め込まれた部分は、a、b、cのサブユニットからなるファクター・オー（Fo）、外に出た部分は$\alpha_3\beta_3\gamma\delta\varepsilon$からなるファクター・ワン（F1）からできています。こんなに複雑な構造をもつ酵素が見つかったのは初めてでした。

　ここで述べたサブユニット構造は、ヒトか大腸菌かといった生物種にかかわらず共通する、ATP合成酵素の基本的なかたちです。この基本要素に加えてヒトやマウスのミトコンドリアでは、他にも活性を調節するサブユニットなどがあります。

　ここまで読むと、複雑な構造になっている理由は？　簡単ではなさそうな酵素の具体的な反応はどうなっているか？　たくさんあるサブユニットの担う役割は？　——など、次々と疑問が湧いてくると思います。

　サブユニットの種類やそれぞれの数、アミノ酸配列をはじめとしてATP合成酵素全体の構造や反応のメカニズム、個々のサブユニットのはたらきなどはまだ明らかになっておらず、さらに研究が必要でした。

●●●● 突然変異から研究する

　ATP合成酵素のはたらきと詳細な構造の研究を進める上で役に立ったのは、突然変異を起こした酵素でした。紫外線や化学物質を用いて遺伝子に人為的な突然変異を起こして研究に利用することは、遺伝学でよく使われ、遺伝子のはたらきを決定する一般的な方法です。

　突然変異によって、変異後のATP合成酵素にATPをつくる機能がなくなっても、菌は解糖系でグルコースからつくるATPをエネルギーとして生育できますが、グルコー

スもなければ、菌は解糖系でもATPをつくれず生育できません。このような生育の可否を目印として、ATP合成酵素に変異を起こした菌をたくさん採取することができました。これらの菌のATP合成酵素の性質の変化と、変異した構造の変化との関係を調べることで、各サブユニットのどの部分にどのような機能があるかを明らかにすることができました。

ホウレンソウのような植物やマウスの個体、あるいはヒトやマウスの培養細胞でも、ATP合成酵素に人工的に変異を起こすことは不可能ではありません。しかし、動物や植物の場合、ATP合成酵素のサブユニットは、オルガネラ（ミトコンドリア、葉緑体）のDNAにある遺伝子と、核の染色体にある遺伝子に分かれて存在します。したがって、研究は簡単ではありません。

それに比べて大腸菌は、細胞内にミトコンドリアや葉緑体があるわけではなく、遺伝子は1つのDNAにまとまって存在します。さらに、次に述べる利点もあって研究を進めやすかったのです。

●●● 遺伝子から調べる

さて、ATP合成酵素の各サブユニットの構造をさらに詳細に明らかにするため、私たちは8種あるサブユニットに関する情報を遺伝子からまとめて取り出せないかと、考えました。こんな虫のよい考えは大腸菌だからできるのです。大腸菌をはじめ、細菌では、1つの酵素を構成するサブユニットの遺伝子や、同じ反応過程に関与する複数の酵素の遺伝子がDNA上の1ヵ所にまとまっていることが多

いのです。研究を進める上で大きな利点です。

そこで私たちは、大腸菌のATP合成酵素を構成するサブユニットをつくるための情報をもつ遺伝子も、1ヵ所にまとまっているのではないか——と考え、研究を進めたというわけです。具体的には、私たちのグループの金澤浩（大阪大学）が中心になり、大腸菌の遺伝子をもつウイルス（ラムダファージともよばれます）に注目し、DNAの配列を決定しました。このファージは、感染した大腸菌を壊して外に出てくるときに、大腸菌の遺伝子の数百分の1ほどを一緒にもってきます。この中にATP合成酵素の遺伝子が全てあるかどうか——たくさんのファージと大腸菌の変異株を検討し、その結果、ATP合成酵素の全遺伝子を見つけ出すことに成功しました。

次に見つけ出した全遺伝子のDNA上での配列を決定しました。金澤らが用いた方法は化学的なもので、完全に決定するのには、ほぼ2年間かかりました。配列決定に当たって、イギリスのジョン・ウォーカー（J. Walker）のグループとの激しい競争に打ち勝って、1981年に発表に至りました。

そうして明らかになった、遺伝子の構造を図3-7に示し

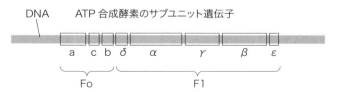

図3-7　大腸菌のATP合成酵素の遺伝子

ます。膜内在のFo部分を構成するa、c、bサブユニットの遺伝子がこの順序で配列しており、次に膜表面のF1部分のδ、α、γ、β、εのサブユニットの遺伝子が並んでいます。「1ヵ所にまとまっている」という私たちの予想が的中しました。

そして、ATP合成酵素の全遺伝子とサブユニットとの対応関係を確定したことで、これだけのサブユニットがあればATP合成酵素ができるということが明らかになったのです。DNAの配列を決定できる時代が始まった頃の成果です。

さらに、解明されたDNAの配列にあるアミノ酸に対応する遺伝暗号から、すぐに各サブユニットのタンパク質をつくるアミノ酸の配列も明らかになりました。このアミノ酸の配列（一次構造）によって、各タンパク質の二次構造、三次構造も推定できます。

アミノ酸配列だけから、膜の内部のFoを構成するサブユニットの構造を推定してみたところ（図3-8）、aサブユニットには膜内にあると推定できる疎水性の——水に溶けにくい——部分が多く、疎水性の部分は水にふれない膜の内部にあると考えられます。このことから、aサブユニットは膜を6回ほど横切るように「折りたたまれた」構造であることが推測されました。

bサブユニットは、末端の疎水性部分が膜に埋まり、他の部分は細胞質に突き出しており、cサブユニットは膜を横切る2つのヘリックス（ラセン）からなることが予想されました。これらの構造は後に生化学的な実験と構造の研究から確認されました。

大腸菌に続いて、他の細菌や葉緑体のATP合成酵素のアミノ酸配列も遺伝子から明らかになりました。すでに述べたように、ミトコンドリアのATP合成酵素の場合には遺伝子が1ヵ所にまとまっていないので、遺伝子を全て取ることは容易ではありませんでした。そこで、各サブユニットをタンパク質として精製し、化学的な方法で決められました。全てのサブユニットの構造が決まったのは大腸菌の場合の数年後でした。

　多様な生物を比較すると、いろいろなことがわかってきました。まず驚いたのは、βサブユニットのアミノ酸配列が、ウシと大腸菌でなんと70パーセントも同じでした。これは、生物の進化の過程で、ATP合成酵素はあまり変化してこなかったことを示しています。ATP合成が生物にとって最も基本的な反応の一つと考えれば納得できるで

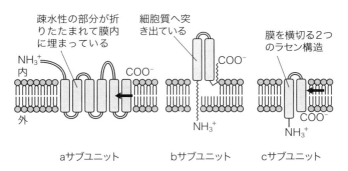

図3-8　ATP合成酵素の膜にある「折りたたまれた」サブユニット
ATP合成酵素の膜内にあるサブユニットの構造をアミノ酸配列から推定した。aとcサブユニットに矢印で示した部分が立体的な構造をつくって水素イオンの通り道となる。

しょう。しかも、これだけ似ていると、ウシと大腸菌の酵素は同じ ATP 合成をしているので、反応にかかわるアミノ酸は同じであることも予想できます。

●◐◔ 「共通のアミノ酸配列」から研究

一般に酵素は反応する分子（基質）を結合し、化学反応を起こさせ、生成物を遊離させます。化学反応を行っているところは**触媒部位**といわれています。ATP 合成酵素でも、触媒部位に基質である ADP が結合して反応が始まります。

では具体的に、分子量が 30 万にもなる ATP 合成酵素のどこで ATP がつくられるのでしょうか。8 種類あるサブユニットのどれに触媒部位があるのでしょうか。

この疑問は比較的早くに解決しました。β サブユニットのアミノ酸が突然変異で変わったり、化学的に修飾されると、反応ができなくなることから、この β サブユニットに触媒部位があることがわかりました。それでは、β サブユニットのどのアミノ酸が触媒部位をつくっているのでしょうか。これを知るのに役に立ったのが、いろいろな生物の ATP 合成酵素の遺伝子を研究することで得たサブユニットタンパク質の一次構造――アミノ酸の配列です。

ATP 合成酵素は大腸菌から哺乳動物まで同じ反応をしているので、生物が変わっても同じアミノ酸が触媒部位にあり、化学反応に関係しているはずです。また、ATP 合成酵素だけでなく、ATP を基質（反応する分子）とする酵素も、ATP が結合してから反応するので、触媒部位に同じアミノ酸があるはずです。このように同じアミノ酸を

含み、生物種を超えて見つかった領域は「**保存配列**」あるいは「**共通のアミノ酸配列**」といわれています。

　私たちはATP合成酵素の一部の配列が他の酵素にもないか、探しました。すぐに気がついたのですが、βサブユニットの8つのアミノ酸の配列がアデニル酸キナーゼという別の酵素にもあったのです。この酵素はATPを使って、アデノシン1リン酸（AMP）をリン酸化してアデノシン2リン酸（ADP）にします。AMPはATPからリン酸が2つ外れた化合物（アデニル酸）として38ページで出てきました。「アデニル酸キナーゼとATP合成酵素は、反応も似ているので、触媒部位に同じアミノ酸があり、8つのアミノ酸配列は保存配列である」と考えたのが、触媒部位研究のはじまりでした。

●●●触媒部位を調べる

　明らかになっていたアデニル酸キナーゼの立体構造を見ると、保存配列にあるリジンというアミノ酸がこの酵素の触媒部位にあり、ATPの末端のリン酸の近くにありました。私たちが分離していた突然変異の中に、保存配列にあるアミノ酸が他のものに変わり、ATP合成の反応が著しく低下しているものが見つかりました。さらに、ATPによく似た化合物を使った化学的な実験から、保存配列にあるリジンが触媒部位に結合しているATPの末端のリン酸基の近くにあることが明らかになりました。末端のリン酸基とは、つまり加水分解されるとリン酸として外れる部分です。そこで、アミノ酸を系統的に取り替えて、変異した酵素の反応をくわしく調べたところ、アミノ酸の中でも、

リジンとスレオニンが触媒部位を形成していることが突き止められたのです。アミノ末端から155番目のリジン、156番目のスレオニンです。

ATP合成酵素とアデニル酸キナーゼに共通のアミノ酸配列は、リン酸結合ループとよばれるようになり、現在では、ATPが関連する100種以上の酵素やタンパク質に見出される重要な配列です。

この研究で明らかになったことは、いろいろな機能をもつ酵素がありますが、基本的な反応に関与するアミノ酸やその周囲の配列は進化の過程でも保存されているということです。一言で表現すれば「保存配列には意味がある」のです。

さらに、いろいろな生物のβサブユニットや関連した酵素を比較し、アミノ酸を化学的に修飾し、あるいは他のものに置き換えて解析したところ、アミノ末端から181番目のグルタミン酸と182番目のアルギニンも触媒部位にあることが明らかになりました。主に反応にかかわっていたのは、それぞれのアミノ酸の側鎖の部分です。たとえばグルタミン酸のカルボキシル基（$-COO^-$）、リジンのアミノ基（$-NH_3^+$）などです。

私たちの研究によって大腸菌のATP合成酵素の触媒部位が明らかになった頃、イギリスのウォーカーらによってウシのF1部分の立体構造がX線構造解析によって決定されました。保存配列から明らかにした4つのアミノ酸をウシF1の立体構造にあてはめたところ、確かに触媒部位を形成していたのです（図3-9）。思わず、飛び上がらずにはいられませんでした。「大腸菌からウシまで同じ」とい

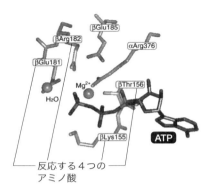

図 3-9　ATP 合成酵素の触媒部位
反応する４つのアミノ酸

う私たちの見通しが正しかったことが証明されたのです。

3　ATP 合成に重要！ サブユニットの回転

柔軟な酵素

　生物学者や化学者にとって、酵素は不思議なものでした。酵素反応のメカニズムを説明する古典的なモデルとして、代表的なのは 1894 年にドイツの化学者エミール・フィッシャーが提案した基質と酵素を「鍵と鍵穴」とするモデル（Key and Lock Model）です。この説は、１分子のタンパク質からできた酵素には鍵穴（触媒部位）のような構造があり、そこに鍵としてたとえられる基質が結合することによって反応が進むというメカニズムで、酵素反応を説明しています。現実的に考えると、鍵穴が違うと別の鍵が必要になり、鍵が変われば鍵穴に入らなくなります。まさに基質と触媒部位の関係です。この説は酵素が厳密に特定の化合物に対してだけ反応することを上手に説明しており、長

年にわたって受け入れられました。

　20世紀に入りもっと柔軟な酵素のモデルが考えられるようになりました。1958年にコシュランド（D. Koshland）が「誘導適合モデル（Induced-fit Model）」を発表したのです。この説は、触媒部位はがっちりとした鍵穴のような構造ではなく、基質がくると酵素は柔軟に構造を変え、それによって触媒部位が完成し、反応が始まるというものです。はじめは誰も相手にしなかった説ですが、研究が進むにつれ、「**酵素の構造の柔軟さ**」が認められるようになりました。現在では酵素を考える基本となっています。

　ここで述べたのは、1分子のタンパク質からなる酵素についての考え方でしたが、「酵素の構造の柔軟さ」を考えることは、たくさんのサブユニットからなるATP合成酵素を考える上でも基本になります。ただし、柔軟という言葉だけで片付けることができるほど、ATP合成酵素のはたらくメカニズムは単純ではありません。

●●● サブユニットの回転

　ATP合成酵素の触媒部位に基質であるADPが結合すると、ATP合成の反応が始まります。逆反応の場合にはATPが結合します。ATP合成酵素には解決しなければならない難問がたくさんありました。

　それは、22もあるサブユニットのそれぞれの役割は何か、膜表面と膜内のサブユニットの機能の違いは何か、3つの触媒部位がどのように協力して反応するのか、水素イオンがどこをどのように通るのか、水素イオンが通るときどのようなメカニズムで触媒がはたらくのか？　——など

表 3-1　ATP 合成酵素の難問

22 のサブユニット（$\alpha_3\beta_3\gamma\delta\varepsilon ab_2c_{10}$）の役割は何か？
膜表面と膜内のサブユニットの機能の分担は？
3 つの触媒部位が協力する反応のメカニズムは？
水素イオンはどこを通るのか？
水素イオンと化学反応をつなぐメカニズムは？
ATP の合成と加水分解はなぜどちらも起こるのか？
サブユニットが回転するという仮説は本当か？

といった疑問です（表 3-1）。

　また、ATP 合成酵素は、逆反応として ATP の加水分解によって水素イオンを輸送します。全く逆向きの反応の起こることも、どのようなメカニズムによって可能なのか疑問でしょう。

　ATP 合成酵素の研究で大きな役割をしたのは、「サブユニットが回転する」という仮説でした。この仮説をポール・ボイヤー（P. Boyer）が提出したのは、1980 年代の初頭でした。当時はこの仮説を支持するデータはほとんどなく、想像の域を出ませんでした。たくさんの議論がありましたが、その後二十数年間の研究を通じて、回転をともなうメカニズムを支持するデータがたくさん集まりました。

　サブユニットの回転による ATP 合成のメカニズムは、現代では図 3-10 をもとに、次のように説明できます。

　まず、水素イオンが、濃度の高い方から c サブユニットと a サブユニットのつくる通り道を通過します（図の①）。

　これにともなって、c サブユニットのつくっている円筒と γ サブユニットが一緒に回転します（図の②）。

回転にともない、3つのβに内側から接するγがそれぞれのβの触媒部位の立体構造を次々と変化させ、ATPを合成していきます（図の③④）。γがβの触媒部位の構造を変えることの意味は、これだけの説明ではまだわからないでしょう。次項から、そのことを説明したいと思います。

　ATP合成酵素は、逆反応もできます。つまり、3つのβサブユニットが次々にATPを加水分解し、γとcサブユニットの円筒を回転させ、cとaがつくる通り道を次々に水素イオンが通っていきます。

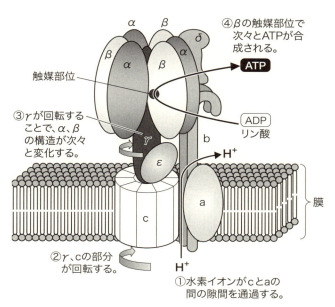

図 3-10　ATP 合成酵素

●●● 協力する３つの触媒部位

β サブユニットには１つずつ触媒部位があります。ATP 合成酵素の膜から突き出した頭の部分は$\alpha_3\beta_3\gamma$という構造ですから、３つのβの数に対応して合計で３ヵ所の触媒部位があります。３つのβのアミノ酸配列は全く同じですから、これらの触媒部位を構成するアミノ酸も全く同じです。

$\alpha_3\beta_3\gamma$が ATP を加水分解する反応を見てみましょう。１ヵ所の触媒部位だけを使う反応の速度は極めて遅いものですが、３ヵ所の触媒部位が反応に加わった速度はなんと100万倍以上になります（図 3-11）。３ヵ所の触媒部位でそれぞれ独立して反応するのでしたら、速度は１ヵ所の反応の３倍程度にしかならないはずです。となると、実際に起こっている３ヵ所での高速反応は、１ヵ所の反応とは全く違うメカニズムであることを示しています。

２つの反応の違いは、βサブユニットに変異が起こった酵素からも確認できました。ある変異酵素は、１ヵ所が行

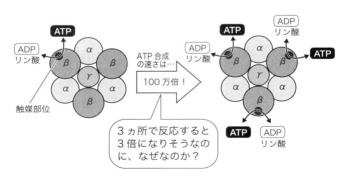

図 3-11　１つの触媒部位の反応×３倍──ではなく100万倍になる

う反応は正常であるにもかかわらず、3ヵ所が行う反応では測定できないほど遅いという奇妙な結果を出したのです。

次に、ATPの結合を見ても、3つの触媒部位でそれぞれ異なります。最初の1ヵ所にATPが結合すると、2ヵ所目には結合しやすくなり、3ヵ所目にはさらに結合しやすくなります。つまり、3ヵ所の触媒部位は独立しているのではなく、協力してATPを結合したり、高速な反応をしているのです。

3つあるβサブユニットの間に協力関係があるメカニズムは、酸素を結合するヘモグロビンによく似ています。ヘモグロビンには4分子の酸素が結合しますが、1分子が結合すると、2分子目は結合しやすくなり、3分子目と4分子目はさらに結合しやすくなります。この話題は第4章で再び述べましょう。生命の精緻なメカニズムです。

●◐◑ 回転を支持するβの構造

実は、3ヵ所の触媒部位が協力するメカニズムは、立体構造からはっきりとわかるのです。1993年に、ウォーカーのグループがウシのミトコンドリアのF1部分($\alpha_3\beta_3\gamma$)を結晶化し、立体構造を明らかにしました。

構造を見ますと、αとβサブユニットそれぞれが3分子交互に配置し、中心部の空間をラセン(ヘリックス)構造のγサブユニットが上から下まで突き抜けており、断面を見るとαとβの中央にγがあるのがわかります(図3-12)。

上から見ると、図3-13のように120度の間隔で3つの

βが位置しています。3分子のβサブユニットの立体構造は、触媒部位を中心にそれぞれ少しずつ異なり、ATPを結合したもの、ADPを結合したもの、何も結合していないものがあります。

この立体構造は、3つのβが勝手に反応しているのではなく、協力して反応するメカニズムを示しています。そのメカニズムとは、

図3-12 ATP合成酵素のαβγのサブユニットを横から見た図

何も結合していないβサブユニットの触媒部位にADPとリン酸が結合すると、その情報がADPを結合している隣のβサブユニットに伝わり、ADP＋リン酸→ATPの反応が進み、ATPを結合しているβサブユニットからはATPが遊離するというものです。この過程で、

ステップ1：何も結合していないβサブユニットはADPを結合したβサブユニットに変化し、

ステップ2：ADPを結合したβサブユニットはATPを結合したβサブユニットに変化し、

ステップ3：ATPを結合したβサブユニットは何も結合していないβサブユニットに変化する

というように、隣り合うβサブユニットどうしは常に異なる構造の状態にあり、各βサブユニットは、3つの構造変化のステップを順繰りに繰り返して、反応が進むのです。

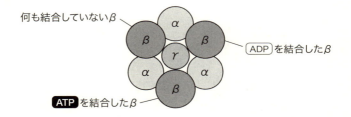

図 3-13 ATP 合成酵素を上から見た模式図 3つのβサブユニットは、それぞれ異なる構造をとる。

γサブユニットの回転

3つあるβサブユニットが協力して反応する、これに関与しているのがγサブユニットです。ATP 合成酵素をサブユニットにバラバラにすると、βサブユニットの触媒部位は単独では ATP の合成も加水分解もできません。そこでαとβにγを混ぜると、$\alpha_3\beta_3\gamma$という7分子の複合体となって初めて ATP を加水分解できるようになります。

この簡単な実験は、触媒部位をもたないγサブユニットが$\alpha_3\beta_3\gamma$という7分子の構造の中で反応に関与していることを示しています。どんな役割でしょうか。そこで、γのアミノ酸を次々に他のものに変えて、酵素の反応を検討しました。その結果、βとγが接している部分のアミノ酸が変異を起こすと、反応は著しく低下しました。また、ここにポリフェノールなどが入り込むと、反応は阻害されます。いずれもγが回転しにくくなるからです。ポリフェノールは複数の水酸基（-OH）をもつ植物成分です。

βとγが接するところは複数あります（図3-14）。その

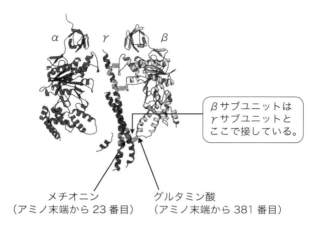

図3-14　βはγと接している

　中でも、γのアミノ末端から23番目のアミノ酸メチオニンを考えましょう。メチオニンの向かい側には、βサブユニットのグルタミン酸というアミノ酸があります（図3-14の右側）。このメチオニンの代わりにリジンがある場合は、リジンのアミノ基（$-NH_3^+$）とグルタミン酸のカルボキシル基（$-COO^-$）が近づき引き合うようになります。これによって、γの動きが制限されATPの合成が著しく低下します。そこで、グルタミン酸をアスパラギン酸に取りかえカルボキシル基の位置をリジンのNH_3^+から遠ざけると、正常に戻ります。これはγが回転するためにβとγの間に適正なスペースが必要だということです。

　そこで、思い切って、βサブユニットとγサブユニットを化学的につないでしまうと、ATP合成酵素の反応は完全に阻害されます。これはβとγが相対的に回転しており、

2つをつないでしまうとγが動けなくなり、βサブユニットが何も結合していない状態、ADPを結合した状態、ATPを結合した状態の3つの構造を次々にとれないのが原因と考えられます。

●●● 水素イオンの流れでサブユニットが回転

ATP合成の全体像を明らかにするための難問は、水素イオンの通り道と化学反応とのつながりです。膜の中に入っている部分（Fo）は、aとbのサブユニットが1分子ずつと、10分子で円筒をつくっているcサブユニットからできています。また、水素イオンの通り道はaサブユニットのアルギニンとcサブユニットのアスパラギン酸からつくられています（図3-15）。

したがって、1つのアルギニンと10のアスパラギン酸

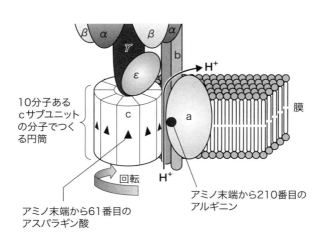

図3-15　水素イオンの通り道

を次々に使って、水素イオンが通ると考えられます。このメカニズムはaサブユニットが固定されていて、cサブユニットの円筒が回転すると考えると理解できます。bサブユニットもaと同様に固定されていると考えられます。

ATP合成酵素の構造を見ると、すでに図3-11などで示しているように、γサブユニットが$\alpha_3\beta_3$の中央の空間を突き抜けており、εサブユニットを結合し、さらにcサブユニットと結合しています。βとγを化学的につなぐとATP合成が阻害されますが、γとcを化学的につないでも阻害されません。この結果は、γとcサブユニットの円筒が一緒に回っていることを示しています。

何分子のcサブユニットが集まって円筒構造をつくるかは、生物によって差があります。大腸菌や酵母ミトコンドリアでは10分子ですが、9分子や11分子の例もあります。いずれの場合も水素イオンの通り道をつくるのは、cサブユニットのアスパラギン酸かグルタミン酸のカルボキシル基とaサブユニットのアルギニンです。

20世紀も終わり近くになると、回転をともなうメカニズムを示す結果が蓄積し、サブユニットの回転を目で見ることができるのではないかと、真剣に議論されるようになってきました。

4 目で見る「タンパク質機械」の回転

●●● 回転する分子

これまで述べてきたのは、生化学の実験で、何十万という分子の反応を試験管の中で一度に測定したものです。そ

の結果は、ATP合成酵素のサブユニットの回転を支持してきました。私たちはそれだけでは満足できず、「もっと直接的に1つの分子を取り出して実際に回っているのを見たい」と考え、1分子を観察する方法を模索しました。

私たちとは独立に、1997年になって、木下一彦（早稲田大学）、野地博行（東京工業大学）を中心に高度好熱菌の γ サブユニットの回転が顕微鏡で観察されました。ATP合成酵素の一部 $\alpha_3\beta_3\gamma$ をガラス面におき、γ に1000分の1ミリメートルほどの棒状のタンパク質（アクチン）を取り付けました。$\alpha_3\beta_3\gamma$ がATPを加水分解するエネルギーによって棒状のタンパク質が、120度ずつ細かく区切りながら回転したのです。ATP合成の研究に1分子を観察する手法が導入されました。

これは3つの β サブユニットの触媒中心の位置が120度ずつ離れている立体構造に対応しています。また、逆に、人工的に γ サブユニットを回転させるとATPができることが確かめられました。つくられるATPの量や回転速度との対応などは、これからですが、大きな成果です。

1970年代の初頭に香川靖雄が始めた高度好熱菌のATP合成の研究が、ここまで発展したのは感慨深いものです。

●●● 膜の中で回転

ATP合成酵素全体の中でサブユニットが回転するところを観察する――私たちはこれがメカニズムを実証するために重要と考えました。まず、α サブユニットを介し、ATP合成酵素をガラス板に固定し、cサブユニットに棒状の蛍光タンパク質を目印として付けてみました（図

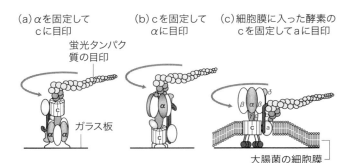

図 3-16　ATP 合成酵素の回転を示した実験

3-16(a))。そこへ ATP を加えると、加水分解にともなって蛍光タンパク質が回転したのです。ATP 合成酵素を上から見ると触媒部位は 120 度間隔になっていますが、これと対応して、サブユニットが 120 度ずつのステップで回っていました。

次に、固定する部分と回転する部分を変えてみます（図の (b)）。実際に、c サブユニットを介して酵素を固定すると、蛍光タンパク質を付けた α サブユニットが回転しました。(a) と (b) の図を比べてみると、ATP 合成酵素の回転するローター（回転子）と分子全体を固定している部分（固定子）は交換できることを示しています。さらに、細胞膜をガラス面にのせ、そこに入っている ATP 合成酵素の c サブユニットを固定して a サブユニットに目印を付けた場合には、a サブユニットの回転を観察できました（図の (c)）。

これらの結果から、ATP の合成や加水分解にともなって酵素分子全体の中でサブユニットが回転するメカニズム

が解明されました。ATP 合成酵素は、化学反応をする酵素と水素イオンが通る輸送路からできており、2つをサブユニットの回転がつないでいます。たくさんのサブユニットを組み合わせると、このような精緻な酵素ができるのは、まさに驚きです。この酵素がミトコンドリアの膜にあることによって、私たちの細胞は効率よく継続的に ATP の供給を受けられるのです。

表 3-1 にまとめた難問に答えていき、今までの酵素の概念をはるかに超えた性質をもつ ATP 合成酵素の実体が明らかになりました。この酵素のどれ一つとして、古典的な酵素やタンパク質には備わっていないものです。その姿は、まるで生命が創り出した「タンパク質でできた機械」のようです。

●●● 高速で回転

ATP 合成酵素の回転について、もう少し付け加えましょう。回転を観察した図 3-16 の実験では、上から見て 10 ナノメートルほどの ATP 合成酵素に、長さが 100 倍もある棒状タンパク質を結合しました。1 ナノメートル (nm) は 100 万分の 1 ミリメートル (mm) です。

現実の世界で考えると、上から見て直径が 60 センチメートルほどのヒトが約 100 倍の長さの棒、つまり 60 メートルほどの棒を水中で回していることになります。これをできる人がいるのでしょうか。ATP 合成酵素が、驚異的な仕事をしていることがわかります。したがって、何もつけない場合には抵抗が小さいので、酵素の回転速度はもっと速いはずです。

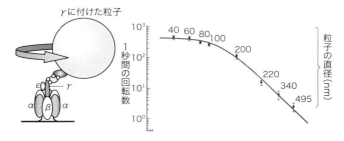

図 3-17　ATP 合成酵素による高速回転

　そこで、γサブユニットに小さな粒子を付けて、回転を見ました。粒子が小さいほど速く回るようになり（図3-17）、ATP 合成酵素にほぼ 4 倍の粒子を付けると、1 秒間に 400 回転ほどで回っていました。これが γ サブユニット本来の速度に近いと考えてよいでしょう。最近の中西真弓ら（岩手医科大学）の結果です。

　回転速度は 1 分間に換算すると、2 万 4000 回転ほどになります。自動車のエンジンは加速時に約 2500 回転ほどですから、その十数倍にもなります。サブユニットの回転はレーシングカーのエンジンに匹敵します。

ランダムに回転する酵素

　ATP 合成酵素は一斉に回転を始めるのではなく、ATP を加えてから加水分解による回転を観察すると、すでに回っているもの、しばらく経ってから回り出すものなど、各分子はバラバラでした。しかも、多くの分子は 1 秒間ほど回転し、停止し再び回りだします（図 3-18）。酵素分子は停止と回転を勝手に繰り返し、速度も分子によってばら

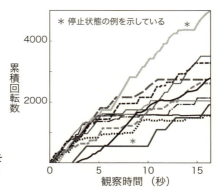

図 3-18　停止と回転を繰り返す ATP 合成酵素

つきがありました。

　全ての分子が一斉に反応しているのではなく、一部は休んでいる。なぜ、このようなメカニズムなのでしょうか。それぞれの分子の柔軟な挙動は、同じ酵素を長い時間にわたって使っていくのに適しています。たくさん酵素分子をもっていて、一部を休ませながら使うのは生物として合理的です。

　ATP 合成酵素の F1 と Fo の間には直径が3ナノメートルほどの円形の空間があります（図 3-19）。そこで回転する部分（$\gamma \varepsilon c_{10}$）に、このスペースと同じ大きさの球形タンパク質を付けました。ところが予想に反して、回転

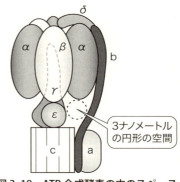

図 3-19　ATP 合成酵素の中のスペース

は阻害されなかったのです。しかし、少し大きな球形タンパク質を付けると、回転はしましたが水素イオンが通れなくなりました。つまり、ATP合成酵素はタンパク質として柔軟で、かなり無理な状態になっても回転しますが、水素イオンを輸送するには、より厳密な構造が必要なのです。

5 ATP合成酵素をつくる

●●● サブユニットを組み立て

ここまで述べてきましたが、ATP合成酵素は今までの酵素の概念を超えるものでした。$\alpha_3\beta_3\gamma\delta\varepsilon ab_2c_{10}$と8種類のサブユニットが合計22個集まって、膜から突き出しているF1と膜の中に埋まっているFoからできています。大腸菌の場合には8種類のサブユニットの遺伝子がDNAの1ヵ所にまとまっていますから、これが一緒に読まれて全てのサブユニットが細胞質でつくられ、ATP合成酵素となります。

ヒトやマウスのミトコンドリアの場合には、13のサブユニットの遺伝子が染色体DNAの異なる場所に散在しています。これらの遺伝子が同調して読まれ、サブユニットが過不足なくつくられるメカニズムを明らかにするのは、これからです。

ミトコンドリアでは、ATP合成酵素はF1部分が内膜から内部に突き出しています。どのようにして、ミトコンドリア外膜と内膜を越えて内部に構造ができるのでしょうか。このメカニズムが少しずつわかってきました。

●●● ミトコンドリアで組み立て

　一般に、核にある染色体の DNA（デオキシリボ核酸）上の遺伝子は RNA（リボ核酸）として写しとられて、細胞質に運ばれます。これが翻訳されてタンパク質ができます。一般のタンパク質との違いは、ATP 合成酵素ははたらき場所であるミトコンドリアの内部に運び込まなければいけません。実際は、四次構造ができあがった酵素としてではなく、構造がほどけたサブユニットとして搬入され、ミトコンドリアで組み立てられます。ミトコンドリアの外側にある2つの膜である外膜と内膜を越えて内部に運び込むメカニズムが、わかってきました（図3-20）。膜をタンパク質が透過していくので、**膜透過型輸送**ともよばれています。

　ミトコンドリアの内部で使われるタンパク質には、行き

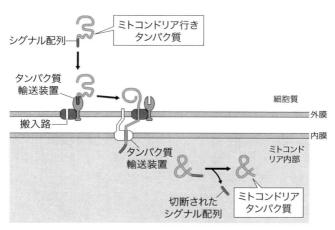

図 3-20　ミトコンドリアに運ばれるタンパク質

先を示す「シグナル配列」とよばれる 20 ほどのアミノ酸が結合しています。細胞質においてタンパク質は構造がほどけた状態になりシグナル配列で外膜上のタンパク質輸送装置に結合し、「搬入チャネル」といわれる搬入路を通って外膜を通過します。次に内膜にある別のタンパク質輸送装置を通ってミトコンドリア内部に運び込まれます。この過程には内膜の外側がプラスの電位になることが必要です。行き先を示していたシグナル配列が酵素によって切断され、タンパク質として完成します。ミトコンドリアの外でタンパク質をほどく機構、タンパク質輸送・搬入、内側で構造を形成するメカニズムなどに、それぞれ別々のタンパク質が関与しています。

　ATP 合成酵素の F1 部分のサブユニットも同じメカニズムによってミトコンドリア内部で完成し、膜に埋め込まれた a、c サブユニットと共に四次構造を形成すると考えられます。a サブユニットはミトコンドリアの DNA から内部でつくられます。c サブユニットがどのようにして内膜に入るかについては、今後明らかになるでしょう。

　ここで述べたのはミトコンドリアの膜透過型輸送についてです。その他のオルガネラでは、タンパク質を「膜小胞」に入れて運ぶメカニズムが知られています。「膜小胞」については、第 8 章でくわしく述べますが、酵素やホルモンの分泌、外部からのタンパク質やウイルスなどの取り込みに使われています。

豆　知　識

人工的なモーター

　本章では、ATP 合成酵素のサブユニットが ATP のエネルギーで回転するところを見てきました。10 万分の 1 ミリメートルほどのタンパク質がモーターの性質を示すことは驚きでした。実用的にはタンパク質を材料として効率のよい小さな機械をつくることも可能でしょう。ATP を検知する微小な検知器（ナノセンサー）ができるかもしれません。

　アメリカの研究者が金属の台に F1 をはり付け、微小なニッケルの板を γ サブユニットにつけて回転させました。同じ実験に、いろいろな細菌の F1 を使うことによって、20 〜 80 度という温度ではたらく機械になります。ナノメートルほどの機械をつくろうというテクノロジーにも通じるアイデアです。この機械をナノの世界でどのように使うかは、今後の研究課題となってくるでしょう。

第4章
私たちの体内で。
ATP合成と病気

　生物学の研究は、生命についての基礎的な疑問を解決し、生命そのものを知ることを目指しています。しかし、それだけでなく、同時に応用——アルコールやアミノ酸、食品の発酵生産、クスリや診断など医療、と幅広い分野にわたる応用——の視点をもっています。

　この章では、これまで述べてきた「ATPが合成されるまでの過程」が病気にどのようにかかわっているか、そして病気の診断やクスリへどのように応用されているかを考えましょう。

1 酸素を運ぶヘモグロビンと病気

●●● ヘモグロビンのメカニズム

ミトコンドリアの電子伝達（呼吸鎖）では、伝達された電子の終着点で、**酸素**と結びつくことを第2章で述べました。終着点に酸素がなければ、電子伝達が行われなくなります。すると、電子伝達の過程で行われるはずだった水素イオンのミトコンドリアの外への輸送も行われなくなり、この水素イオンを必要とするATP合成酵素もはたらけなくなってしまいます。このように、ATP合成の基盤を支えているのが酸素です。

では、酸素はどのようにしてミトコンドリアまで運ばれるのでしょうか？　本章ではこの話から始めたいと思います。酸素は、私たちの肺から取り入れられ、ヘモグロビンに結合し、赤血球によって組織へと運ばれてきます。ヘモグロビンの突然変異による遺伝病が起こると、深刻な症状を引き起こすことにも、話を進める中でふれましょう。

ヘモグロビンはαとβとよばれるサブユニットが2分子ずつ、合計で4分子が集まった球状の立体構造をしています（図4-1）。それぞれのサブユニットの分子量は約6万4000もあります。この構造によって、タンパク質1分子ではできない機能をもつようになりました。

酸素が結合する「ヘム部位」とよばれる部分が、各サブユニットに1ヵ所ずつ、ヘモグロビン分子としては合計で4ヵ所あります。酸素が1つめのサブユニットに結合すると、その情報が他のサブユニットに伝わり、2つめ、3つめと酸素が結合しやすくなり、最終的に4分子が結合しま

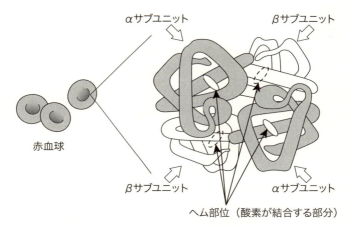

図 4-1 酸素を運ぶヘモグロビンの立体構造

す。このように、サブユニットの間に情報を伝達するメカニズムがあります。

第3章でふれた ATP 合成酵素の3つの β サブユニットの間に情報伝達があったことを思い出して下さい。3つの β が同時に反応すると、速度は1つだけの β の 100 万倍にもなりました。また、1つめの β に ATP が結合すると2つめの β、さらに3つめの β と結合しやすくなりました。ヘモグロビンは四次構造をもつことによって、サブユニットの間に情報を伝達しながらはたらく ATP 合成酵素とも似ているところがあるのです。

ヘモグロビンへの酸素の結合は、pH の影響を受けます。溶けている酸素の濃度が高く、pH がほぼ 7.6 である肺では酸素分子を結合しやすいのです。ところが、酸素濃度が

低く pH がほぼ 7.2 である他の組織では酸素が外れやすく、二酸化炭素が結合しやすくなります。このような性質は、肺で酸素を結合し、組織に運び酸素を渡して、二酸化炭素を結合して肺に戻ってくるというヘモグロビンの役割に適しています。

　第 2 章で述べましたが、炭素 6 原子からなる 1 分子のグルコースは代謝され、解糖系とクエン酸回路を経て、6 分子の**二酸化炭素**になります。このうちのほぼ 20 パーセントが赤血球に入りヘモグロビンに結合して赤血球によって肺に運ばれます。70 パーセントは水に溶けて（$H_2O + CO_2 \rightarrow HCO_3^- + H^+$）重炭酸イオン（$HCO_3^-$）となり血しょう中を運ばれ、肺で二酸化炭素として放出されます。残りの 10 パーセントは血しょう中に二酸化炭素として溶けた状態で運ばれます。

　ヘモグロビンのように、酸素を結合するヘム部位をもつミオグロビンというタンパク質が筋肉組織にあります。このタンパク質は、ヘモグロビンによく似ており、酸素に対する親和性が高く、酸素を保存しています。しかし、ミオグロビンにはサブユニットがないので、ヘモグロビンのような性質はありませんし、1 つのミオグロビンに酸素が結合しても、その情報が他のミオグロビンに伝わることはありません。

●●● アミノ酸の変異と病気

　肺から組織まで酸素を運ぶヘモグロビンは、ヒトにとって必須なタンパク質です。ヘモグロビンをつくる遺伝子が突然変異を起こし、特定のアミノ酸が他のものに置きか

わっても、四次構造や酸素の結合に影響しない場合には、変異は無害です。これに対して、異常なヘモグロビンになる860以上の変異が発見されています。ヘモグロビン分子が途中までしかできないような例もありますが、90パーセント以上の変異はアミノ酸が変わったものです。変異とそれにともなう症状との関係を示す膨大なデータが整理されており、遺伝病について知るだけではなく、ヘモグロビンのタンパク質についてアミノ酸の機能を理解する上で役に立ちます。

軽度の貧血になる場合もありますが、多くの場合には多臓器障害になります。世界の人口のうちで5パーセントが異常ヘモグロビンの遺伝子をもっていると推定されており、1年間に約30万人の重篤なヘモグロビン異常をもつ患者が生まれています。

ヘモグロビンの変異で赤血球の構造までが、大きく変わることがあります。たとえば、アミノ末端から6番目のグルタミン酸というアミノ酸がバリンというアミノ酸に置きかわると、深刻な遺伝病になります。グルタミン酸の側鎖にはマイナスの電荷があり、正電荷の部分と相互作用しています。これが変異によって、電荷のない疎水性のバリンの側鎖に置換したのですから、正電荷との相互作用がなくなります。しかも、水に溶けにくい疎水性の側鎖になったので、アミノ酸が連なったタンパク質の折りたたまれ方が変わり、立体構造が大きく変わりました。変異したヘモグロビンは赤血球の細胞質で結合し、積み重なって大きな繊維のような構造ができます。これによって、本来中央にくぼみのある円盤状の赤血球が、鎌状あるいは三日月状にな

ります。

　赤血球の形から、「鎌状赤血球貧血」とよばれるアフリカに多い遺伝病です。ヒトの2対の染色体の両方にある遺伝子が、ともに上に述べたグルタミン酸がバリンに変化する変異を起こすと、多臓器障害によって成人するまでに死亡します。たった1つのアミノ酸が置きかわるだけで、タンパク質の立体構造、そして赤血球の形まで変わってしまい、死にいたる恐ろしい病気です。

　赤血球で思い起こすのが、マラリア原虫の感染症です。マラリア原虫は赤血球の中に侵入し、ヘモグロビンを分解してアミノ酸として利用しながら増殖し、最終的には赤血球を破壊します。

　これに対して、ヘモグロビンの変異がマラリア原虫への抵抗性になる例が報告されました。突然変異が人間にとってプラスになる珍しい例といってよいでしょう。

2　ガンを見つける

●●●解糖系と電子伝達の使い分け

　すでにふれましたが、赤血球はミトコンドリアをもっていません。これまで述べてきたように、エネルギー代謝は、燃料であるグルコースが解糖系に入って少量のATPが合成され、その後ミトコンドリアでクエン酸回路から電子伝達（呼吸鎖）を経てATP合成が行われるという流れでした。しかし、これらの反応が全ての細胞で同じように行われているわけではありません。ミトコンドリアをもたない赤血球は、解糖系のつくるATPだけに頼っています。

赤血球のように解糖系だけに頼るのではありませんが、一般に細胞は、分裂を終えて次の分裂にいたるまでの時期（細胞周期）によって、ATP合成における解糖系と電子伝達（呼吸鎖）の関与の割合が異なるようです。

　また、分裂を続けている細胞と分裂しない細胞でも異なります。たとえば、リンパ球が分裂し始めると、解糖系の関与が増大し、電子伝達は減少します。さらに、受精卵から個体ができるまでの発生段階の細胞、培養細胞なども解糖系の占める割合が大きいとされています。

　筋肉が激しく運動しているときに解糖系の役割が大きくなることもここでふれておきましょう。さかんに筋肉の収縮が起こっているとき、酸素の補給が十分でなくなると、ミトコンドリアの電子伝達によるATP合成ができなくなり、解糖系に頼ることになります。ところが電子伝達が進まないと、解糖系でできたピルビン酸がミトコンドリアへ送られずに細胞内に蓄積し、解糖系の反応も進まなくなります。このようなとき、ピルビン酸から乳酸がつくられて細胞外に排出され、解糖系の反応が妨げられないようにしているのです。激しく運動したときに筋肉の痙攣が起こることがありますが、これは細胞から排出された乳酸が組織を弱酸性にするためです。

　このように、細胞の時期や状態によって解糖系の代謝と電子伝達の関与は異なります。それでは病気の中でも関心の高いガン細胞に話を進めましょう。

●●● ガンの診断と治療への応用

　低酸素条件で増殖するガン細胞の場合には、解糖系のエ

ネルギー代謝が大きな割合を占めていることがわかっています。また、酸素のある条件でも解糖系の活性が上昇しており、ミトコンドリアを使わないで、かなりのATPを供給しているという特徴があります。この性質を利用して、解糖系を指標としてガン細胞を検出する、あるいはクスリの開発を目指す——という、診断や治療法への応用が考えられます。

実は、ガン細胞では、グルコースをどんどん取り入れて、エネルギー代謝を効率よくするためにグルコース・トランスポーター1が過剰に発現しています。これによって、グルコースの取り込みが正常細胞の数倍に上昇します。この上昇を検出できれば、どこにガンがあるか、診断に応用できるはずです。しかし、グルコースそのものでは、細胞に取り込まれるとすぐに代謝されてしまうので、取り込みの上昇を正確に見ることができません。

そこで、ガン細胞でグルコースの取り込みが上昇して、蓄積するのを検出する方法が開発されました。グルコースそのものではなく、「グルコースに似ていて、同じ効率でグルコース・トランスポーター1によって取り込まれるが、解糖系では代謝できないので細胞質に蓄積する」こんな化合物ができれば役に立つ——そこで開発されたのが、グルコース（図1-7）の水酸基（-OH）の1つを放射性のフッ素（^{18}F）に変えたフル

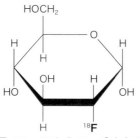

図 4-2　フルオロ・デオキシグルコース

オロ・デオキシグルコース（図4-2）で、実際にガンの診断に使われています。

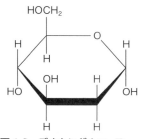

図4-3　デオキシグルコース

この化合物はグルコース・トランスポーター1によって取り込まれますが、解糖系で代謝できないので細胞内にどんどん蓄積します。したがって、放射性のフッ素がたまった組織として、画像として見ることができます。PETとよばれる診断法で、早期のガンや転移の発見などに力を発揮します。

さらに、ガン細胞の発見だけでなく、治療へ応用するアイデアもあります。その中で、役に立ちそうなのは、グルコースの水酸基（-OH）の1つが水素（-H）に置きかわったデオキシグルコース（図4-3）という化合物です。この化合物はグルコース・トランスポーター1で取り込まれ、解糖系の最初の酵素によってデオキシグルコース-6-リン酸になります。この化合物を細胞は代謝できないし、細胞の外に出せません。したがって解糖系の阻害剤となってしまい、ガン細胞の増殖が抑えられるというしくみです。しかし、これだけで十分な抗ガン活性は得られないので、これからの課題として、他の抗ガン剤と組み合わせるなどの工夫が必要でしょう。

3 ATP合成を阻害する毒物とクスリへの応用

●●● 電子伝達の阻害剤の毒性

電子伝達はミトコンドリアでATPを合成するのに必須ですから、これの異常によって病気になりますし、阻害する物質は毒物になります。電子伝達にかかわる複合体ⅠやⅣあるいは輸送機能の欠損したミトコンドリア病が報告されています。軽い運動でも高度の疲労がともなう、筋萎縮などの症状があります。

ミトコンドリアの電子伝達に作用する化合物の多くは、毒物として知られています。冶金やメッキ、薬品の合成などに使われるシアン化カリウムやシアン化ナトリウム、シアンガスは、そのような毒物です。シアンは、電子伝達の複合体Ⅳに結合し、電子の伝達を阻害します。これらの作用からシアン化合物は強い毒性を示し、症状は心房細動(速く不規則な拍動)や血圧低下に始まり、呼吸困難から死に至ります。解毒には亜硝酸化合物が使われます。またそれだけでなく、シアンはヘモグロビンのヘムに結合するので、肺からの酸素の供給を阻害するという意味でも強い毒性をもちます。

古典的なミトコンドリアの電子伝達の阻害剤としては、熱帯植物の成分として取られたロテノンが知られています。同じ毒でも、ヒトにはあまり毒性が強くなく、昆虫には毒性が強い化合物として、有用な除虫剤となります。

電子伝達をターゲットとする農薬は、選択的毒性に問題があり、有害昆虫以外にも作用するとされてきました。しかし、1990年代末から選択性を解決する優れた農薬が開

発されています。電子伝達の複合体Ⅲのユビキノン結合部位、複合体Ⅰなどに作用するものです。

特定のタンパク質に作用するのではなく、膜の脂質部分に入り込み、水素イオンやカリウムイオンの通路となる化合物があります。グラミシジンやバリノマイシンなどです。このような化合物は電子伝達によってミトコンドリアの内外にできる水素イオンの濃度差を壊してしまうので、細胞にとって毒になります。同じような性質をもつジニトロフェノールは、19世紀末のヨーロッパでは食材を黄色に染めるのに使われました。卵黄がたくさん入っていると見せかけるためでした。また、体重を減らす効果が見つかり、「やせ薬」にもなりました。毒物を服用すれば、やせるのは当然です。1920年代、1930年代に死亡例が報告され、危険性が認められ使用されていないはずでした。ところが2000年代になっても死者の報告を目にすることがあり、「やせたけれど死んでしまった」のではとんでもないことです。

●●● ATP アーゼ阻害タンパク質の役割

ATP 合成酵素はミトコンドリアの外側の水素イオン濃度が高い場合には、ATP の合成に専念しており、その逆反応である ATP の加水分解をしないように調節されています。

しかし、酸素が欠乏してミトコンドリアの電子伝達が低下すると、電子伝達の過程でミトコンドリアの膜の外へ出される水素イオンは減少します。このような状況では、ATP 合成酵素は、本来の役割とは逆に ATP の加水分解

を始めます。これを防ぎ、急激なATPの減少を止めなければなりませんが、その役割を担うのは、「ATPアーゼ阻害タンパク質」です。ATPアーゼはATPを加水分解する酵素の一般的な名前ですが、ミトコンドリアで見つかったのはATP合成酵素のATP加水分解を止めるタンパク質です。このタンパク質が遺伝的に欠失していると、患者はATPをつくる能力が不十分で、筋肉組織のATPの濃度が低くなります。したがって、ATPアーゼ阻害タンパク質は細胞内のATP濃度の維持にも関係すると考えられています。

ミトコンドリアには、ATPアーゼ阻害タンパク質を含めて、ATP合成酵素に関連する6種のタンパク質の存在が報告されています。これらが、ATP合成を調節していると考えられます。

ATP合成酵素のF1部分はATPを加水分解しますが、細菌の場合にF1がFo部分から外れ、細胞質に溶けた状態になった場合に、ATPを加水分解しないように備えているのが、ε(イプシロン)サブユニットによる阻害です。したがって、変異によって細胞質内でF1が外れた菌でも、εのお陰でグルコースを炭素源として解糖系だけで生育できます。

●●● ATP合成酵素の変異による遺伝病

前項まではATP合成の周辺の異常による病気を見てきましたが、ATP合成酵素そのものが変異を起こした場合は、もちろん深刻です。この場合、ヒトやマウスでは致死を含む深刻な遺伝病になります。

たとえば、ミトコンドリアにあるaサブユニット遺伝子

の変異による心筋症（拡張型心筋症）が知られています。筋肉細胞では大量のATPを必要とするために、筋原繊維の間には多数のミトコンドリアがあり、そこでATP合成酵素がはたらいてATPを合成し筋肉繊維に供給しています。したがって、変異によってATP合成酵素の機能が低下すると、ATPが足りなくなり、心臓の筋肉の運動が十分ではなくなって、心筋症を引き起こすのです。

　第3章で述べましたが、ATP合成酵素をつくっているサブユニットの遺伝子のほとんどは核にあり、細胞質でタンパク質となります。次に多数のタンパク質がかかわって、ミトコンドリアに運ばれATP合成酵素が組み立てられます。運搬や組み立てにかかわる過程に変異が起こった場合、ATP合成酵素の量が10〜30パーセントにまで減少したという例が報告されています。

　ミトコンドリアの遺伝子は母親から伝わりますから、異常な遺伝子を受け継ぐ子どもは母親と同じ疾患になります。

●●● ATP合成を阻害する化合物を感染症のクスリへ

　最近、ワインなどに含まれるポリフェノールが、細菌のATP合成を阻害することが報告されています。この化合物は、ATP合成酵素の回転するγサブユニットと固定子部分のβサブユニットとの間に入り込み、回転速度を低下させることによって、細菌のATP合成を阻害します。

　このほかにもATP合成を阻害する化合物がいろいろ知られています。そのはたらきを有用な目的に利用できないか？　──と、応用を目指してたくさんのことが調べられ

ました。たとえば、細菌の感染症に対するクスリです。

　ATP合成酵素は生物のエネルギー通貨をつくっている酵素として、進化を通じて保存されています。しかし、ヒトと細菌では一次構造に違いがあります。細菌のATP合成を阻害する化合物のなかで、ヒトには毒性のないものは、ヒトに感染症を引き起こす細菌の生育を抑えるクスリの候補になります。少し専門的な言い方では、細菌のATP合成に対して、「選択的な毒性」がある化合物の中から細菌感染症に有効な化合物を見つけることができるかもしれません。

　そのようなアイデアから、ベダキリンという化合物がつくられ、FDA（アメリカ食品医薬品局）が正式に承認しています。抗生物質が効きにくい多剤耐性の結核に有効な治療薬として、日本でも用いられています。

　この化合物は結核菌のATP合成酵素のcサブユニットが細胞膜に埋まっているところに結合して、ATP合成を阻害します。cサブユニットに結合しATP合成を阻害する化合物は知られていましたが、実用化されたのは初めての例です。

　ベダキリンをつくり出したアイデアの成功は、同じように選択的に細菌のATP合成を阻害する化合物を見つけ出すことによって、感染症の新しいクスリが今後も開発される可能性を示しています。

●○● トランスポーターに作用する毒物をクスリに

　さらに、真菌や酵母、ガン細胞の生育を抑えるターゲットとして、トランスポーターが考えられます。原料（ADP

とリン酸)のミトコンドリアへの供給と製品(ATP)の細胞質への輸送を阻害し、細胞内のATP濃度を下げるのです。

実際には、ミトコンドリアでつくったATPを細胞質に出し、原料のADPを取り入れる逆輸送トランスポーター(ATP/ADPアンチポーター)の阻害剤がくわしく研究されています。アザミ科の植物の根から取られた化合物であるアトラクチロシド(atractyloside)はミトコンドリアの外側から、インドで発酵食品の中毒の原因となった化合物であるボンクレキン酸(bongkrekic acid)は内側から、いずれもトランスポーターに結合します。これによって、ATP/ADPの輸送は止まってしまい、細胞質へのATPの供給はなくなります。しかし、2つの化合物はトランスポーターの基礎研究には貢献しましたが、現在は毒物にとどまっています。

さらに、上で述べたADP、リン酸、ATPの輸送だけでなく、細胞膜からのグルコースの取り込み、クエン酸回路に入るピルビン酸のミトコンドリアへの輸送など、トランスポーターは創薬のターゲットになるでしょう。たとえば、腎臓のグルコース・トランスポーターの阻害剤は糖の再吸収を抑え、尿への糖の排泄が増加します。この阻害剤は、糖尿病薬として実用化されています。さらに、血中のグルコースの濃度を下げる阻害剤の開発が検討されています。

後編
生命の中心にATP
―メカニズムと医療への応用―

　生命に必須なエネルギー通貨ATPがつくられるメカニズムを述べてきました。エネルギー物語の後編では、私たちがエネルギーを使って生きている姿に注目します。基本的なところから始め、オルガネラや細胞膜などで、ATPが生命の中心にある姿を見ます。そして、ATPのかかわる活動の異常が病気につながることも考えましょう。

第5章
筋肉から胃酸まで。ATPのはたらき

　第5章では、私たちはATPをどのように使って生きているか、筋肉の運動から始めて、イオンの輸送がかかわる現象を中心に見ていきます。ナトリウム、カリウム、カルシウムなどのイオンの役割、胃酸の分泌などについて述べます。

1　ATPを使って動かす

　エネルギーを使う場面を考えるとき、私たちが思い浮かべるのは、何かが動く、あるいは何かを動かすことでしょう。生物に当てはめれば、筋肉の運動やこれから解説する細胞内の運動であり、そこにはATPが使われています。

●●● 筋肉の収縮と弛緩

　どんなときでも、私たちは胸に手を当てると心臓の鼓動を感じ、生きていることを実感することができます。鼓動を生み出しているのは筋肉です。私たちが寝ているときも、心臓の筋肉は休むことなく収縮と弛緩を繰り返して、全身に血液を送り出します。この筋肉の活動には、ATPがかかわっていることを見ていきましょう。

　筋肉は、どのようなしくみで動くのか、古くから注目されていました。解明の発端となる歴史的な実験は、1930年代、セント＝ジェルジ（Szent-Györgyi）が行ったものです。

　まず、筋肉をウサギの体から取り出し、グリセリン液に浸してから冷凍庫に入れ、凍らせて保存しました。これを数ヵ月後に冷凍庫から出してきて、塩化カリウムの液に入れ、ATPとマグネシウムイオンを加えると、筋肉は目の前で収縮しました。同時に、ATPの末端のリン酸基が外れて、ADPとリン酸に分解することが確認されました。セント＝ジェルジは、ATPの分解によって発生したエネルギーによって、筋肉が収縮したと考えました。ATPがエネルギーを保持していることを実感させた実験です。

この実験は、二十数年後の 1957 年に出された彼の著書『バイオエナジェティックス』にも書かれています。著書の書名は、生物学を意味するバイオロジーと、エネルギー学を意味するエナジェティックスを結びつけた言葉です。この著書によって、生物学の一分野としてバイオエナジェティックス（生物エネルギー学）が始まったといえます。

　セント＝ジェルジは、筋肉のタンパク質の分析を続け、その 80 パーセント以上を占めるのはアクチンとミオシンという 2 つのタンパク質であることや、ATP と金属イオンの相互作用を明らかにし、そして ATP の分解によってもたらされるエネルギーが筋肉の収縮にかかわるという基本的な概念に至りました。

　筋肉の収縮と弛緩のメカニズムに迫る実験が、次々と行われ、日本人の研究者が大きな貢献をしました。

　現在明らかになっている、筋肉の収縮と弛緩のメカニズムは次のようなものです。筋肉の繊維は、ミオシンというタンパク質が集まって（重合して）つくる太い繊維と、アクチンというタンパク質が集まってつくる細い繊維によって形成されています（図 5-1）。ミオシンの「頭部」といわれる部分では「ATP が結合し、加水分解され、リン酸と ADP が遊離する」という反応が行われます。この過程でミオシン頭部は構造変化し、首振りのような運動によって、アクチンから離れて、再び結合します。これによって、2 つの繊維がずれて滑り、筋肉が収縮します。

　いったん収縮した筋肉がもとのように弛緩するのは、細胞内のカルシウムイオンの濃度が下がったときです。このカルシウムイオンの濃度を下げるのは、ATP がかかわる

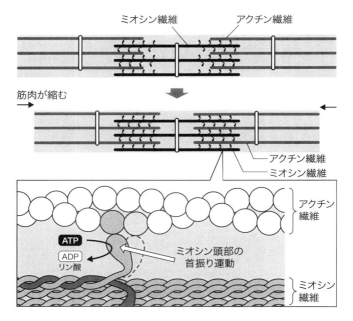

図 5-1　筋肉の収縮

イオンの輸送ですが、少し後の本章第 2 節で述べることにしましょう。ここでは、ATP のエネルギーによる運動の例を続けます。次は、細胞内部での運動です。

●●● 細胞内のモータータンパク質

　細胞の内部に見られる、膜に囲まれた小胞やいろいろなオルガネラ（細胞内小器官）は、細胞質の中にただ浮かんでいるのではありません。いずれも、タンパク質でつくられた繊維状の構造につなぎとめられています。この構造は

(a) 微小管に沿ってキネシンなどが運ぶ

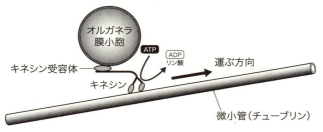

(b) アクチン繊維に沿ってミオシンなどが運ぶ

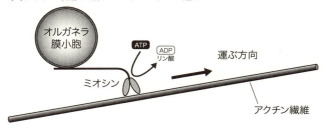

図 5-2　モータータンパク質

太さやタンパク質の違いからいくつかに分けられます。筋肉の繊維として前項で述べたアクチンと、チューブリンというタンパク質から形成されている微小管の繊維が方向性をもって重合しています。

　小胞やオルガネラは、このような繊維につなぎとめられているだけでなく、繊維に沿って ATP を使って細胞質の中を運搬されます。微小管に沿った運搬の場合には、キネシンなどのタンパク質があたります（図 5-2(a)）。アクチン繊維に沿った運搬の場合には、ミオシンなどのタンパク

質です（図5-2(b)）。

　それぞれの運搬にかかわるタンパク質は、オルガネラや小胞を結合する部分、ATPを加水分解する触媒部位、運動にかかわる部分をもっています。キネシンやミオシンが運搬の仕事をするときには、ATPのエネルギーが使われます。エネルギーを与えると運動するようすは、まるでモーターです。このことから、**モータータンパク質**（生物モーター）ともよばれています。モータータンパク質には、細胞の種類、運ぶオルガネラや小胞、運んでいく方向などによって、たくさんの種類があります。たとえば、微小管に沿って運搬するタンパク質であるキネシンには、45種類ものバリエーションがあります。モータータンパク質のはたらきは、まるで工場内で見られるレールに沿って動く運搬装置や、ヒトを乗せて運ぶモノレールのようです。

2　イオンを輸送する

●●● ATPの70パーセントが輸送に使われる！

　生物がつくるATPのほとんどは、すでに述べた筋肉やモータータンパク質をはたらかせるために、費やされているのでしょうか？

　実は、そうではないのです。ATPを最も多く消費している基本的なメカニズムは、**膜を横切るイオン輸送**です。体内でつくられるATPの70パーセントにもおよぶ量が、イオンの細胞内への取り込み、細胞外への排出、オルガネラ内部への取り込みなどの輸送に使われています。すでに述べたように、ほとんどのATPはグルコースから解糖系

と電子伝達（呼吸鎖）を経てATP合成酵素によってつくられます。なんと、私たちは食べている糖の半分以上を使ってイオンを細胞内外に動かしていることになります。

これほど多くのATPを使わなければならないほど、細胞内外のイオン環境を整えること、そして膜を横切ってイオンの勾配をつくり出すことは、生物にとって重要なのです。

これから主に話題にするのは、ATPの分解によって得られるエネルギーを使った水素イオンやナトリウムイオン、カルシウムイオンなどの輸送です。

イオンの輸送といえば、すでに何度か登場してきたトランスポーターを思い浮かべたかもしれません。でも気をつけてください。これまで解説したトランスポーターは、ナトリウムイオンや水素イオンが膜を隔てて濃度が異なるとき、濃度の高い方から低い方へトランスポーターを通って流れるエネルギーを使って、アミノ酸や糖をその濃度の高い方向へと輸送するものでした。

ここからは「イオン濃度の高い方から低い方への流れ」とは反対に、イオンを「濃度の低い方から高い方へと輸送する酵素」を話題にします。それらの中でも、**P-ATPアーゼ**とよばれる一群の酵素は、輸送するイオンの種類も多く多様です。

ATPアーゼとは、すでに本書の前編でも少しふれましたが、ATPのエネルギーによってはたらく酵素の総称です。すでに出てきましたが、筋肉のミオシン、モータータンパク質のキネシンやミオシンもATPアーゼですが、これから考えるのは、イオンを輸送するATPアーゼです。

「アーゼ」は酵素のことなので、ATPにかかわる酵素はATPアーゼといっていいでしょう。

P-ATPアーゼという名称は、1987年にカラフォーリ（E. Carafoli）とペダーセン（P. Pedersen）が、たくさんあるATPアーゼを整理して、構造や、機能するときのメカニズムで分類したときにつけられたものです（表5-1）。P-ATPアーゼは、イオンを輸送する過程でATPを使って自分自身をリン酸化する——つまりATPのリン酸がATPアーゼに結合するという特徴によって、他のATPアーゼと区別されます。リン酸化と脱リン酸化が、イオンの輸送ステップに重要です。このリン酸化（phosphorylation）がPの語源になっています。

イオンを輸送するATPアーゼとしては他に、F-ATPアーゼ（F-ATPase）とV-ATPアーゼ（V-ATPase）があります。この2つも生命に必須な酵素です。

F-ATPアーゼは、すでにくわしく述べたATP合成酵素の別名です。Fはファクターからきています。ATP合成酵素の研究がATPを加水分解するファクター（構成因子のファクター・ワン）であるATPアーゼから始まったこ

表5-1 3つのイオン輸送ATPアーゼ

F-ATPアーゼ	ATP合成酵素　ATPアーゼとしても機能（ミトコンドリア、葉緑体、細菌細胞膜）
P-ATPアーゼ	H^+、Na^+、K^+、Ca^{2+}、Cu^{2+}等のイオンのポンプ（イオン輸送ATPアーゼ）
V-ATPアーゼ	細胞内膜系オルガネラにある水素イオンポンプ（水素イオンATPアーゼ）

とを思い出して下さい。

V-ATPアーゼは、すこしずつ姿を変えて動物細胞の細胞内膜系のオルガネラや細胞膜で大きな役割をしています。この酵素については、第7章と第8章でくわしく述べましょう。

3 多様なイオンポンプ

●◗● 酵母からヒトまで。多様なイオンポンプ

P-ATPアーゼは細菌からヒトまで広く生物に分布しており、同じ祖先タンパク質から多様な機能をもつものに進化しています。

単細胞生物の**酵母**でさえ、全部で14種類のP-ATPアーゼ——水素イオンを輸送するもの、カルシウムイオンを輸送するもの、ナトリウムイオンを輸送するもの、銅イオンを輸送するもの、機能がわからないもの、その他——が見つかっていて、その種類の多さに驚きます。

この中で、水素イオンを輸送するものに注目しましょう。水素イオンを輸送するP-ATPアーゼが変異して水素イオンを輸送できなくなると、細胞全体に影響が及びます。なぜなら、細胞内外に水素イオンの濃度差がつくれなくなる結果、トランスポーターが水素イオンとの共輸送でアミノ酸や糖を細胞内へ取り込めなくなるからです。栄養を摂取できない酵母は生育できなくなってしまいます。

P-ATPアーゼの中には、生体膜の形成に関与しているものがあります。第1章で出てきましたが、生物の膜は、リン脂質の2つの層（二重層）からできています。一つ一

つのリン脂質は、生体膜の表面と平行には極めて速く自然に移動——つまり流動しますが、二重層の一方からもう一方へは移動しにくい性質をもっています。このため2層の構造が保たれて、膜を形成しているのです。ところが、形質膜やオルガネラの膜の外側と内側の2つの層には、それぞれ異なった種類のリン脂質が分布しています。2つの層の形成にP-ATPアーゼが関与しており、特定の種類のリン脂質を片方の層からもう片方の層へ運んで仕分けしています。イオンではなく脂質の輸送ですが、これもP-ATPアーゼの多様なはたらきの一つです（図5-3）。

　酵母では14種類でしたが、ヒトにいたってはなんと5倍の70種類ものP-ATPアーゼがあります。なぜ、こんなにたくさんの種類があるのでしょうか。それは、多細胞生物であるヒトの多様な細胞には、いろいろなイオンを取

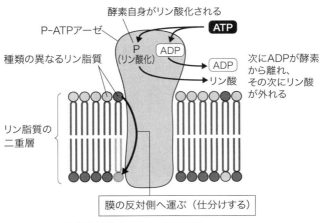

図5-3　リン脂質を移動するP-ATPアーゼ

り入れたり吐き出したりする多様なメカニズム、さらに脂質の移動が必要だからです。

●●● 研究の始まりは、ナトリウムとカリウム

P-ATPアーゼの研究は、ナトリウムイオンとカリウムイオンを輸送する酵素から始まりました。この酵素についてくわしく見ていきましょう。P-ATPアーゼ全体の理解につながります。

このP-ATPアーゼは、**ナトリウム・カリウムポンプ**とよばれることもあり、最も古くから研究されてきました。本書の前編でも出てきましたが、ナトリウムイオンとカリウムイオンは、糖やアミノ酸などの輸送のほか、神経の電気的な伝達にも重要な役割を担っています。

なお日本では、ドイツから化学を学んだ歴史的な背景から、元素NaをナトリウムとよびKをカリウムとよんでいますが、英語ではソディウム（sodium）とポタシウム（potassium）です。

1930年代にはすでに、動物細胞の細胞膜はナトリウムイオンとカリウムイオンを透過させることが知られていましたが、そのメカニズムが報告されたのは30年ほど後です。1957年にデンマークの生理学者スコウ（J. C. Skou）がカニの筋肉から、ATPを分解する酵素（ATPアーゼ）を見つけたのが始まりです。この酵素にナトリウムイオンとカリウムイオンを加えるとATPの加水分解が促進されたので、スコウはイオンを輸送するATPアーゼを見つけたと、大胆に発表しました。十分なデータのない時代に、ATPの加水分解だけから、ATPアーゼの機能を推定したのです。

大きな論理の飛躍でしたが、彼の考えは正しかったと言えます。

　この酵素は長い間の研究を経て、ATP の加水分解のエネルギーを使ってナトリウムイオンを外に出し、カリウムイオンを細胞内に取り込む P-ATP アーゼであることがわかりました。2 つのイオンをそれぞれ濃度の低い方から高い方へと輸送しているメカニズムを強調して、ナトリウム・カリウムポンプとよばれています。また、ナトリウムイオンの輸送の重要性を強調して、ナトリウムポンプとよぶこともあります。

　ナトリウム・カリウムポンプの発見から、40 年後の 1997 年に、スコウはノーベル化学賞を受賞しています。スコウと同時に ATP 合成酵素の研究者、ボイヤーとウォーカーが受賞しています。すでに述べたように、ボイヤーが ATP 合成酵素が回転するという説を出したのは受賞の 20 年ほど前のことでした。

●○● 筋肉や神経のカルシウム ATP アーゼ

　カルシウムイオンは、別のイオンと結びついて水に溶けない沈殿を生じることが多くあります。たとえば、中学校の理科の実験で水酸化カルシウムに二酸化炭素を吹き込む（炭酸イオンを混ぜる）と炭酸カルシウムの沈殿ができるのを見たはずです。石灰水の白濁としてだれでも経験しているはずです。しかし、水に不溶の沈殿が私たちの体内にできたら大変です。避けなければなりません。

　細胞質には高い濃度のリン酸があります。もし、そこに濃度が同じ程度のカルシウムイオンがあったら、結合して

水に溶けないリン酸カルシウムをつくってしまいます。これを防ぐためには、細胞質のカルシウムイオンの濃度を低く保たなければいけません。この役割をしているのが、細胞膜やオルガネラ膜にあるカルシウムATPアーゼとよばれるP-ATPアーゼです。細胞膜のカルシウムATPアーゼは、ATPエネルギーを使ってカルシウムイオンを外へ吐き出し、細胞内の濃度を低く保つので、細胞内のリン酸はリン酸カルシウムにならずにすみます。

　カルシウムイオンは、細胞外では1ミリモーラー（1ミリモル／リットル）以上と高いのですが、カルシウムATPアーゼによって、細胞内ではその1万分の1以下に低く保たれています。細胞内濃度が低いことから、カルシウムイオンの濃度の変化が、細胞内では情報として機能するのです。その例として、ホルモンが標的細胞の受容体に結合すると、その情報を細胞内に伝える役割をする物質の一つがカルシウムイオンです。受容体からの情報によりカルシウムイオン濃度が上昇すると特定の酵素が活性化するなど、いろいろな変化が起こります。

　筋肉の収縮と弛緩にもカルシウムイオンが大きな役割を果たしています。筋肉の繊維は筋小胞体とよばれるオルガネラに囲まれています。筋小胞体の膜には、細胞膜とは別のカルシウムATPアーゼがあり、カルシウムイオンを内部に取り込み、専門のタンパク質に結合した形で保存しています。

　神経の興奮が伝わるとカルシウムイオンが筋小胞体から放出され、細胞質のカルシウムイオン濃度の上昇にともなって筋肉が収縮します。次に、カルシウムATPアーゼ

がカルシウムイオンを筋小胞体の内部に回収し、細胞質のカルシウムイオン濃度が下がり、筋肉は弛緩します。このように、筋肉の収縮と弛緩の両方にカルシウムイオンがはたらいています。

　筋肉だけでなく、赤血球、神経をはじめ多くの細胞で、カルシウム ATP アーゼのはたらきが知られています。

　さまざまな役割を担うカルシウム ATP アーゼですが、どのようなメカニズムによってはたらくのでしょうか。メカニズムを理解する上で、構造を知る必要がありました。そのため、筋肉のカルシウム ATP アーゼの遺伝子 DNA が取られ、994 のアミノ酸からなる一次構造から立体構造が予測され、また電子顕微鏡観察からも構造が推定されました。2000 年には、豊島近（東京大学）がカルシウム ATP アーゼの X 線結晶構造解析に成功しました。カルシウム ATP アーゼは、初めて立体構造が明らかになった P-ATP アーゼです。膜を横切るヘリックスが 10 本あり、細胞質側に大きく出ている部分があります。この部分に ATP が結合し 1 つのアスパラギン酸がリン酸化され、周囲の構造が反応にともなって大きく変化します。また、4 本のヘリックスに囲まれた膜内の部分がカルシウムイオンの通り道であることが明らかになりました。

　この成果から、他の P-ATP アーゼの構造も推定され、研究が進みました。

4 ナトリウム・カリウムポンプのメカニズム

●●● ポンプの構造

P-ATPアーゼの研究がナトリウム・カリウムポンプから始まったことを紹介し、カルシウムポンプについても解説してきました。生命の維持にとって基本的な酵素ですから、進化を通じてタンパク質として構造が保存されています。哺乳動物の間でナトリウム・カリウムポンプの一次構造を比較すると、ほぼ98パーセントが同じです。祖先タンパク質の構造がそのまま保存されているのです。

ここでは、私たちの体内で大量のATPを使っている基本的なポンプとして、ナトリウム・カリウムポンプのメカニズムと役割を見ていきましょう。生命にとって重要なポンプですから、私たちにとっての毒物やクスリとの関連もあります。これは次章（第6章）でくわしく検討しましょう。

ナトリウム・カリウムポンプはαとβのサブユニットからできており、細胞膜に埋め込まれ、大きな部分が細胞質に出ています（図5-4）。1990年代の後半に遺伝子が単離され、一次構造が明らかになり酵素の立体構造を推定し、メカニズムが研究されました。

αサブユニットは約1000のアミノ酸からなる大きなタンパク質です。ATPを結合し加水分解する触媒部位と、ナトリウムイオンとカリウムイオンの輸送路（通り道）があります。この2つの部分が協働して、ATPを加水分解したエネルギーによって、ナトリウムを細胞の中から外へ、逆にカリウムを外から中へと輸送しています。つまり、主なはたらきはαサブユニットが担っています。また、約

300のアミノ酸からなるβサブユニットは、ポンプが細胞膜に安定して埋め込まれる役割を担っていると考えられます。

そして、このポンプのX線結晶解析による立体構造が2007年になって発表され、触媒部位やイオンの通り道が原子のレベルでわかってきました。

ヒトのナトリウム・カリウムポンプのαサブユニットには、機能と一次構造が少しずつ異なる3種類があります。このようなタンパク質の構造の違いを**イソフォーム**といいます。英語ではisoformで、iso-は少し構造が異なる場合に用いられる接頭語です。アイソトープ（同じ元素なのに質量数が異なる原子）のようにアイソフォームとよぶ方がよいかもしれませんが、ここでは前者を使います。イソフォームの違いによって、ナトリウム・カリウムポンプは分布する組織や細胞が異なります。α1は全ての細胞にありますが、α2は心筋、脳、脂肪細胞など、α3は神経と卵巣にあります。イソフォームの違いによって、ナトリウムイオンやカリウムイオンに対する親和性も異なります。各種のαとβの組み合わせで機能の違いを調べると、α2とβ2のそれぞれイソフォームからできているナトリウム・カリウムポンプは心臓の機能に適しています。

●●● ポンプのメカニズム

それでは、構造に沿ってメカニズムを見ましょう。

ナトリウム・カリウムポンプは、まず細胞の内側で3つのナトリウムイオンを結合し、次にATPを結合します（図5-4）。ATPによって特異的なアスパラギン酸（Asp）が

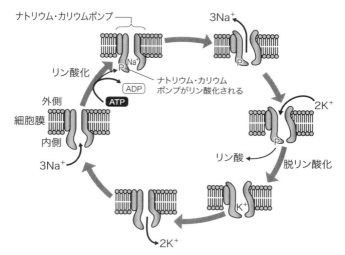

図 5-4　ナトリウム・カリウムポンプのメカニズム

リン酸化され、生じた ADP がポンプから外れます。ここまではポンプの細胞質側に突き出した部分で行われます。

次に 3 つのナトリウムイオンが細胞の外に出てきます。同時に、細胞の外で 2 つのカリウムイオンが結合し、アスパラギン酸からリン酸が外れ、カリウムイオンが細胞内に遊離します。

まとめると、ナトリウム・カリウムポンプは、1 分子の ATP を細胞内で加水分解し、3 つのナトリウムイオンを細胞の外へ出し、2 つのカリウムイオンを細胞内へと輸送します。このように、P-ATP アーゼは 1 分子の ATP を加水分解すると、運ぶイオンの数が厳密に決まっています。ポイントは、「3 つのナトリウムイオンが細胞の外へ、2

つのカリウムイオンが細胞内へ輸送される」ところです。このメカニズムによって、細胞の内と外でイオンの濃度差ができるだけでなく、細胞外へ１つ余計に陽イオンが出るので、外側がプラスの電位差ができます。こうしてできる２つのイオンの濃度差と電位差がエネルギーとなって、浸透圧の調節、アミノ酸や糖の細胞内への輸送、イオンの恒常性などさまざまな機能を果たせるのです。

それでは、神経細胞におけるイオンの動きとP-ATPアーゼのはたらきについて見ましょう。

5 ナトリウム・カリウムポンプが支える細胞の機能

●●● イオンと神経

ナトリウム・カリウムポンプは、体内でつくられるATPの６割以上を消費しています。このポンプは細胞の内外のイオンの分布やイオン環境を一定に保つメカニズムに関与し、筋肉の収縮や神経の伝達、物質の輸送を支えていることをすでに述べました。それでは、少しの間だけナトリウム・カリウムポンプを離れて、神経細胞について考えましょう。

神経細胞の細胞膜は一部が長く伸びた突起のようになっており、**軸索**とよばれています（図5-5）。軸索は電気的なシグナルを筋肉や神経の細胞などに伝える

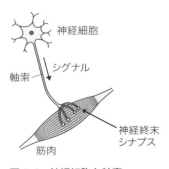

図 5-5　神経細胞と軸索

特殊な突起（神経突起、樹状突起）です。神経終末で他の細胞に電気的なシグナルを伝える場所が**シナプス**です。

シグナルを伝えるのは、イオンとチャネルです。ナトリウムチャネル、カリウムチャネル、カルシウムチャネルなどのタンパク質がイオンの通り道になっています。チャネルは軸索の細胞膜を貫通しており、ゲートという構造によって開閉されます。ゲートが1秒の数百分の1というごく短時間だけ開くと、イオンが細胞内に流れ込み、それが電気的なシグナルとなります。

それでは、神経の伝達に対応して、イオンの動きを見ましょう。神経の細胞膜が電気的な刺激を受けると、ナトリウムチャネルのゲートが開き、ナトリウムイオンが濃い外部から細胞内へ流入し細胞膜内外の電位が変わります（図5-6）。ついで隣接するカリウムチャネルが開き、カリウムイオンが外に流れます。いずれのチャネルもすぐに閉じます。このようなチャネルが軸索の細胞膜に無数にあり、次々

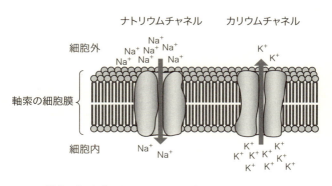

図5-6　軸索の細胞膜にあるイオンチャネル

に開閉して、電気的なシグナルがシナプスへと伝わります。

　長く伸びた軸索の先端（神経終末）にはカルシウムチャネルがあり、カルシウムイオンが流入します。これによって神経の終末から、神経伝達にかかわる物質（アセチルコリン、グルタミン酸など）が細胞外のシナプス間隙とよばれる部分に分泌され、他の神経細胞や筋肉細胞などの受容体に結合します。この過程で電気的なシグナルが化学物質によって他の細胞に伝達されます。

　神経の伝達によって、細胞外のナトリウムイオンが細胞内へ、細胞内のカリウムイオンが外へと移動します。カルシウムイオンも細胞内に入ります。これでは細胞本来のイオンの分布が大きく変わってしまいます。そこで登場するのが、ATPを使うナトリウム・カリウムポンプとカルシウムATPアーゼです。

　神経伝達の過程を通じてナトリウムイオンとカリウムイオンを元に戻し続けるのが、ナトリウム・カリウムポンプです。同じようにカルシウムイオンを元に戻すのがカルシウムATPアーゼです。地味な役割に見えるかもしれませんが、ナトリウム・カリウムポンプとカルシウムATPアーゼが神経伝達を支えているのです。

　イオンを元の状態に戻すのに神経細胞は細胞内でつくる約70パーセントものATPを使う、と推定されています。ATPがイオンの輸送に重要な役割があることは、この数字からも想像できるでしょう。

●●● ナトリウムイオンと栄養

　ナトリウム・カリウムポンプが支える、もう一つの例を

あげましょう。私たちが食べたタンパク質は小腸で加水分解されます。次に、ほぼ半分をアミノ酸として、残りは2つから3つのアミノ酸がつながったペプチドとして、対応するトランスポーターが、小腸の壁にある細胞の内部に取り込んでいます。アミノ酸はナトリウムイオンと、ペプチドは水素イオンと、いずれも共輸送されます。すでに述べましたが、私たちの食べた糖はグルコースとしてナトリウムイオンとの共輸送で小腸の細胞に取り込まれます。細胞の中に入ったアミノ酸とグルコースはいずれもエネルギーを使わないトランスポーターによって小腸とは反対の血管側へと排出されます。

この過程で細胞内に入ったナトリウムイオンを外に出す、あるいは外に出てしまったカリウムイオンを細胞内に取り戻す、これがナトリウム・カリウムポンプの役割です。このポンプがないと細胞はアミノ酸やグルコースを取り込み続けることができません。

6 濃い塩酸を分泌する胃の細胞

●◉●● 水素イオンの輸送

食事にともなって私たちの胃の内部は強酸性になります。これは胃の表面にある細胞（壁細胞）が濃い塩酸を分泌するからです。この分泌のメカニズムにも、P-ATPアーゼが関係しています。主役は水素イオンを輸送するP-ATPアーゼです。

哺乳動物では、胃の表面の細胞、尿細管の細胞、骨代謝にかかわる破骨細胞などではATPのエネルギーによって、

水素イオンが細胞の外へ分泌されます。水素イオンは食物の消化、尿からのイオンやタンパク質などの回収、骨組織を形成する成分の吸収などに関与しています。このうちで、胃の表面の細胞で水素イオンを分泌しているのがP-ATPアーゼです。第7章で述べますが、他の例では別の酵素（V-ATPアーゼ）とATPが関与しています。

さて、食事にともなって、ヒトの胃の内側のpHは約1になります。強い酸性によって、食物に含まれる細菌は殺され、タンパク質は立体構造が壊れ、消化しやすくなります。これは胃底腺という部分にある壁細胞が、水素イオンを分泌し胃の内側を酸性にしているからです。

壁細胞は、どうしてこんなにたくさんの水素イオンを分泌できるのでしょうか。実は、中性の細胞内では水素イオンは限られているので、細胞はつくりながら分泌しています。カーボニック・アンヒドラーゼ（炭酸脱水酵素）という酵素の反応によって二酸化炭素と水から重炭酸イオン（HCO_3^-）と水素イオンができます（$CO_2 + H_2O \rightarrow HCO_3^- + H^+$）。次に、細胞膜にあるP-ATPアーゼ、水素イオン・カリウムATPアーゼがATPのエネルギーを使って水素イオンを細胞の外に出し、同時にカリウムイオンを細胞内に取り込みます。2つのイオンは2：2で逆方向に輸送され、細胞外の水素イオン濃度が高くなります。

水素イオン・カリウムATPアーゼは胃の内部側へ水素イオンを分泌しているので、**水素イオンポンプ**とよばれています。本書でもこの名称を使いましょう。

●●● 塩酸の分泌

壁細胞は水素イオンを細胞外へ輸送していますが、細胞内がアルカリ性にならないように、いろいろなイオンを動かし、上手に調節しています（図5-7）。水素イオンポンプが細胞外に水素イオンを分泌し、カリウムイオン（K^+）を取り入れたので、カリウムイオン（K^+）が細胞内で高い濃度になります。これを別の膜タンパク質が外に出し、同時に塩素イオン（Cl^-）を細胞外へ出します。ここで、水素イオンポンプが外に出した水素イオン（H^+）と考え合わせると、細胞は塩酸（HCl）を胃の内側へと分泌したことになります。計算すると、健康な成人はATPを使って、何と1日に2リットルもの塩酸を胃の内部に出しています。壁細胞はまさに、塩酸分泌細胞なのです。

ここまでの段階で、細胞内の塩素イオン濃度が下がりま

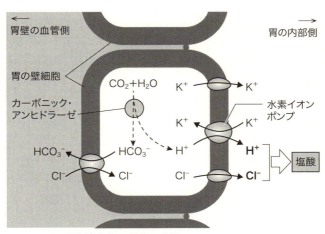

図 5-7　胃の壁細胞からの塩酸の分泌

す。また、カーボニック・アンヒドラーゼのつくった水素イオンはポンプが外に出してしまったので、残ったHCO_3^-（重炭酸イオン）は別のトランスポーターが外に出し、同時に細胞外から塩素イオン（Cl^-）を回収します。HCO_3^-というと馴染みがないかもしれませんが、蒸しパンなどに使う重曹（$NaHCO_3$）の一部です。

　胃酸の分泌にATPのエネルギーが使われ、水素イオン、カリウムイオン、塩素イオン、それにHCO_3^-が巧妙なメカニズムで、細胞の内と外を行ったり来たりしています。結果として、壁細胞の細胞質は中性に保たれ、胃の内部が強酸性になります。

　複雑なイオンの流れを述べてきましたが、私たちの食生活を支える胃におけるイオンの動きであることに思いを巡らせれば、ATPアーゼやイオンのトランスポーターが身近に感じられませんか。

　付け加えると、胃酸分泌のメカニズムに対応して、それぞれのイオンを移動させるタンパク質がある場所は厳密に決められています。水素イオンポンプは細胞質の小胞に埋め込まれていて、食事の刺激にともなって胃の内側に面している細胞膜に移動し胃酸分泌に関与します。なぜ、血管に面した側には移動しないのか、これから明らかにされるであろう面白い疑問です。

　刺激がなくなると、水素イオンポンプは細胞膜から離れて、細胞質の小胞に戻ります。これによって胃酸分泌はなくなります。この調節メカニズムがうまくいかなくなり、胃酸の分泌が続くと病的な状況になり胃潰瘍になります。

●◐● 同じ祖先から２つのイオンポンプ

　それでは、水素イオンポンプはどのような構造をしており、どのようなメカニズムではたらく酵素でしょうか。食肉処理場で新鮮なブタの胃をもらってくると、表面の細胞から簡単な方法で小胞をたくさん分離できます。小胞の中にカリウムを入れておいて、外にATPを加えると、水素イオンとカリウムイオンを逆方向に輸送する水素イオンポンプを確認できます。メカニズムはナトリウム・カリウムポンプとよく似ています。

　ブタの水素イオンポンプから得られた知識をもとにして、ヒトやラットの遺伝子が単離できました。さらに、この酵素がなぜ胃にだけあるのかという疑問に迫ることができました。1990年代初めの前田正知（大阪大学）の仕事です。水素イオンポンプとナトリウム・カリウムポンプを並べて、αサブユニットの一次構造（アミノ酸配列）を比較すると、約60パーセントのアミノ酸が同じものでした。

　アミノ酸配列から推定された構造では、水素イオンポンプのαサブユニットは膜を10回ほど貫通しており、触媒部位は細胞質に出ている大きな部分にあります（図5-8）。図は細胞膜を貫通している部分を強調したものです。βサブユニットは１回だけ膜を横切っています。この２つのサブユニットの構造はナトリウム・カリウムポンプとよく似ています。さらに遺伝子の構成もよく似ており、イントロン（DNAの中にある遺伝情報のない配列）が入っている位置もほぼ同じです。

　水素イオンポンプのメカニズムはナトリウム・カリウムポンプ（図5-4）とほぼ同じと考えられます。ATPを加

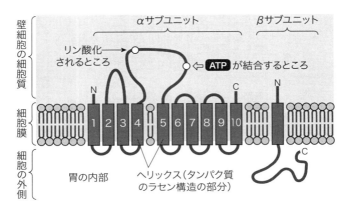

図 5-8　胃の水素イオンポンプ　二次元に広げた図。
図中の N はアミノ末端、C はカルボキシル末端である。

えると水素イオンポンプがリン酸化され、リン酸が外れる
にともなって水素イオンが細胞外へ、カリウムイオンが細
胞内へと輸送されます。ナトリウム・カリウムポンプが運
ぶ2つのイオンの比は、3：2ですが、水素イオンポンプ
では、1：1です。

　遺伝子とタンパク質の構造、そして反応機構から考えて、
水素イオンポンプとナトリウム・カリウムポンプは共通の
祖先 P-ATP アーゼから進化したと考えてよさそうです。

第6章
ATPで動く
イオンポンプと病気

　前章では、生命の多くの機能を支えているP-ATPアーゼのはたらきを取り上げました。第6章では、それに関連する病気について解説していきます。登場するのは、ATPのエネルギーによって動くさまざまなイオンポンプです。さらに、強酸性の胃の中で生育する細菌の戦略は胃の内部をアルカリ性にすることです。これらのメカニズムの理解はクスリの開発に応用できることがわかるでしょう。

1 銅イオンポンプと遺伝病

●●● 有害な微量金属の排出

　私たちが糖を取り入れ、体内の化学反応を経てエネルギーを取り出す代謝について、本書の前編で繰り返し解説してきました。代謝には、実は、マグネシウム、マンガン、鉄、亜鉛、コバルトなど多くの金属が、ごく微量ですが、必要です。これらの元素はいずれも、酵素やタンパク質の機能を支えています。コバルトは生物の元素としては耳慣れない金属の名称かもしれません。しかし、ビタミン B12 の中に含まれていると聞けば、身近に感じられるでしょう。

　植物の中には、私たちが必要としない微量元素、アルミニウム（亜熱帯植物）、ストロンチウム（メスキート、北米西部産でマメ科）、リチウム（スイカズラ）などを濃縮しているものがあります。これらはヒトにとっては毒ですから要注意です。

　工業廃棄物であるカドミウムの中毒による「イタイイタイ病」事件が世界的に知られています。三井金属の岐阜県・神岡鉱山の亜鉛精錬にともなう未処理排水によって、富山県で 1910 年代より多発したものです。腎機能の異常や骨軟化の症状が出ます。

　中国・四国地方でミルクに混入したヒ素が原因の中毒死が 1955 年に報告されました。肝臓細胞の壊死によって、何人もの乳幼児が死亡しています。

　これらの中毒は、いずれも原因物質を細胞外に吐き出すメカニズムがヒトの細胞にないことが原因の一つです。ところが一部の細菌では、細胞内に入ってきたカドミウムイ

オンやヒ酸イオンを吐き出す P-ATP アーゼが備わっているために、毒性がありません。また、細菌には亜鉛イオンを吐き出す P-ATP アーゼがある例も報告されています。残念ながらヒトなどの動物にはこのような亜鉛イオン排出ポンプがないので、亜鉛中毒になるのです。

それでは動物には、有害なイオンが細胞に入ってきた場合に、排出するシステムはないのでしょうか。くわしく研究されているのが銅イオンの P-ATP アーゼです。

●●●● 銅イオンポンプと病気

銅イオン（Cu^+、Cu^{2+}）は、酸化還元反応や電子を伝達する酵素には欠かせない因子であり、たとえば、ミトコンドリアの電子伝達にかかわる複合体Ⅳ、神経の伝達にかかわる物質の生合成酵素などに必須です。したがって、私たちは微量の銅イオンを細胞内に取り込まなければいけません。しかし、高濃度では毒性があるので、細胞内に過剰に蓄積しないように調節されています。このような役割をするタンパク質が、ヒトから最初に見つかりました。いずれの遺伝子の産物も ATP の加水分解のエネルギーを使って銅イオンの吐き出しや取り込みをする P-ATP アーゼでした。

第5章では、ナトリウム・カリウムポンプ、カルシウム P-ATP アーゼ、水素イオンポンプの反応と構造を考えました。これらの P-ATP アーゼは私たちの細胞でほとんどの ATP を使う生理的に重要な酵素です。しかし、銅イオンの輸送をする P-ATP アーゼが見つかってから、植物や細菌を含めて生物全体を見直すと、もっとあったのです。

現在では、銅、銀、亜鉛、ニッケル、カドミウム、鉛などのイオンを輸送する P-ATP アーゼが知られており、重金属輸送 P-ATP アーゼとして、1 つのグループになっています。一次構造はナトリウム・カリウムポンプやカルシウムポンプとよく似ていますが、重金属イオンを輸送する P-ATP アーゼでは特徴として、アミノ末端側に重金属を結合する部分があります。

銅イオンの P-ATP アーゼに戻りましょう。この酵素の遺伝子の突然変異によって発症する病気として、ウィルソン病とメンケス病が知られています。発見者の名前から命名されたものです。ウィルソン病は、銅イオンの「吐き出し」の欠損で銅イオン ATP アーゼの遺伝子（ATP7B）の変異が原因です。銅蓄積症ともよばれ、4 万人に 1 人に見られます。肝臓や脳、腎臓などに銅イオンが蓄積し、精神神経症状や尿細管の障害、溶血が起こります。銅イオンを結合する有機化合物（キレート剤）を投与し、化学的に除くことで治療されています。

もう一つの銅イオン ATP アーゼ遺伝子（ATP7A）の変異によって発症するメンケス病は 20 万人に 1 人の割合で起こります。この遺伝子の産物は銅イオンの吐き出しだけではなく「取り込み」にもかかわる酵素です。したがって、突然変異によって、銅イオンを必要とする酵素の活性が低下し、重篤な脳神経症状を起こします。早期の治療が試みられています。

2 クスリと毒はコインの表と裏

●●● イオンポンプ阻害剤のジギトキシンの毒成分

　ナトリウム・カリウムポンプを阻害する化合物は２つのイオンの移動を止めてしまうので、毒になります。その中で有名なのは、ゴマノハグサ科（オオバコ科）の多年草ジギタリス（和名、キツネノテブクロ）という植物から採れた成分です。

　ジギタリスの葉にある毒成分ジギトキシンは、ナトリウム・カリウムポンプの阻害剤となります。50パーセントのヒトが死ぬ量（50パーセント致死量）は体重１キログラムに対して12ミリグラムといわれていますから、体重50キログラムのヒトが0.6グラムほど摂取すると不整脈から始まり、半数のヒトの心臓は停止します。

　ジギタリスは花が美しいので、花壇などで栽培されます。葉がよく似ていて健康食品として用いられたこともあるコンフリー（和名、ヒレハリソウ）という植物と間違えて食べ、中毒になった例が報告されています。花の見た目は異なるので、開花を待てばこんなことにはなりません。ただし、コンフリーは安全な食品か、というと必ずしもそうではなく、肝臓に対して弱い毒性があるので、摂取は控えるべきです。ジギトキシンは、スズランやキョウチクトウにも含まれています。

　また、アフリカに生育している植物の成分で、矢毒に用いられているウアバインという化合物も、ジギトキシンと同様の作用をもっており、構造も似ています。最近になって、微量のウアバインは、哺乳動物の副腎髄質からホルモ

ンとして分泌されていることが報告されています。

ウアバインやジギトキシンが毒性を発揮するのは、ナトリウム・カリウムポンプの細胞外に出ている部分に結合し（図5-4）、反応を阻害するからです。

●◉● 使い方で、ジギトキシンは心疾患のクスリに

しかし、毒は適切な量を使うことによって、クスリになることがあるのです。実際に致死量の1000分の1以下のジギトキシンを用いて、先天性の心疾患、高血圧症、腎疾患、心房細動、心不全などの治療に応用しようというのです。

いろいろな理由から心臓のポンプとしての機能が低下すると、血液を送り出すはたらきが弱くなります。このようなとき、筋肉の収縮に必要なカルシウムイオン濃度を上げると、機能を回復することができます。それを実現するきっかけとなるのは、ごく微量のジギトキシンによって、ナトリウム・カリウムポンプを阻害することです。

それでは、メカニズムを考えましょう。ジギトキシンがナトリウム・カリウムポンプに結合すると、心臓の筋肉細胞はナトリウムイオンを外へ放出できなくなり、細胞内の濃度が上昇します。これをきっかけに、ナトリウム・カルシウムアンチポーターが活躍します。この逆輸送トランスポーターは、細胞内にたまったナトリウムイオンを外に出し始めるのですが、同時に、カルシウムイオンを取り入れるのです。これによって細胞内のカルシウムイオン濃度が上昇し、筋肉繊維の収縮が始まります。

ジギトキシンは毒がクスリになったよい例です。これは、

化学物質の二面性を示しています。もう一つ例をあげると、悪名高い放射線がガンの治療に用いられることがよく知られています。

3 水素イオンポンプ

●●● 水素イオンポンプを阻害する胃潰瘍のクスリ

ストレス、食習慣などが原因となる胃潰瘍は日本人に多い病気です。壁細胞からの塩酸の分泌が増加し、胃の表面が損傷することによって、胃潰瘍になることが原因と考えられます。これには胃液の中に分泌されるタンパク質分解酵素ペプシンがかかわっています。ひと昔前までは、重篤な場合には胃を切除しなければいけないような病気でした。「酸がなければ胃潰瘍にならない」と言われ、壁細胞からの酸分泌を阻害すれば、胃潰瘍の治療につながるのではないか、これが治療薬開発の目標でした。

胃の壁細胞の水素イオンポンプが胃酸の分泌に欠かせない役割をもっていることはすでに述べました。胃潰瘍のクスリの開発は、水素イオンポンプそのものを阻害する化合物が大きな転換をもたらしました。1971年にスウェーデンのアストラ社がウイルス疾患のクスリを開発している過程で、胃酸の分泌を阻害する化合物が見つかったのです。これをクスリに成長する「種子」となるという意味でシード化合物といいます。「ネタになる」化合物と言ってよいかもしれません。

シード化合物の作用を強くし、水素イオンポンプ以外への作用や副作用を取り除き、体内の安定性を検討し、水溶

性や細胞に対する毒性を検討する、など化合物に改良が重ねられました。10年に及ぶ研究の結果、1980年代初頭には、水素イオンポンプそのものを阻害するクスリである「オメプラゾール」が誕生しました。その後臨床試験を経て、1988年に多くの国で認可されました。

「オメプラゾール」は、胃の内部の酸性条件によって化学構造の一部を変えて、タンパク質の特定の部分に結合できる化合物になります。これによってオメプラゾールは壁細胞の外側から水素イオンポンプに結合します。結合するのはアミノ末端から5番目と6番目、さらに7番目と8番目の膜を貫通しているヘリックスをつないでいるところにあるシステインというアミノ酸残基です（図6-1）。これによって、水素イオンポンプが阻害され酸分泌が抑制されま

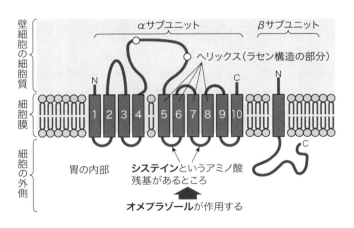

図 6-1　胃の壁細胞の水素イオンポンプに作用する「オメプラゾール」
二次元に広げた図。図中のNはアミノ末端、Cはカルボキシル末端。

す。このようなメカニズムから、オメプラゾールは胃潰瘍に有効なクスリなのです。

後にオメプラゾールと同じような化合物がいくつも開発されました。「服用してから作用するべき組織に行って、効果を示す」というメカニズムは後でわかったのですが、クスリをつくるためのアイデアとなっています。

ナトリウム・カリウムポンプと水素イオンポンプ、いずれの場合にも、クスリが細胞の外側から結合し、細胞内で行われるP-ATPアーゼの化学反応、そしてイオンの輸送を阻害します。2つのクスリが同じメカニズムで効果を示すのは面白いと思いませんか。

●●● 違うアプローチから胃酸分泌のクスリ

胃酸分泌のクスリには、壁細胞の水素イオンポンプではなく、脳からの情報を受けて胃酸の分泌に至る過程に作用するものがあります。脳からの情報で胃酸が分泌されるまでの過程には、神経から分泌された「ヒスタミン」が壁細胞の細胞膜にあるヒスタミンの受容体に結合します。次に細胞内の情報伝達を経て、水素イオンポンプが細胞膜に集まり、水素イオンが分泌されます。水素イオンポンプが細胞膜に集まる過程には第8章で述べる「小胞輸送のメカニズム」が関与しており、大変に興味深いしくみです。

ヒスタミンに似た化合物である「シメチジン」は作用の仕方からヒスタミン受容体の拮抗薬といわれています。シメチジンは受容体に結合して、ヒスタミンが結合するのを阻害し、塩酸分泌に至る情報伝達を阻害します。このように情報の伝達に焦点を当てることは、クスリの開発を考え

る上で重要な視点となっています。

　ヒスタミンはアレルギーにも関与しており、抗ヒスタミン剤がアレルギー治療薬となっています。しかし、胃酸分泌に関与しているヒスタミンの受容体はアレルギーに関係する受容体とは別のものです。抗ヒスタミン剤にシメチジンのような作用はありません。

4　胃酸にすむ有害なピロリ菌

●●●強酸性の胃酸と細菌

　水素イオンポンプと胃酸は、胃潰瘍に加えて、胃ガンにも関連があるといわれていますが、そこには細菌の関与を忘れてはいけません。腸の内部には細菌が生育していて腸内細菌という言葉があるのに対して、胃の内部は強酸性で殺菌効果があるので細菌はいないと古くから考えられてきました。

　一般に細菌には水素イオンを外に出すトランスポーターやATPアーゼがあり、これらが水素イオンを細胞外へ排出することで、細菌は弱酸性では細胞内を中性に保って生育できます。しかし、強酸性の胃酸の中にはさすがにすめないだろうと考えられていたのです。

　ところが、北里研究所の小林六造（後に慶應義塾大学教授）が1919年にネコの胃の粘膜にラセン状の細菌を発見しました。この菌をウサギの胃に移植したところ胃潰瘍を起こした、と報告しました。しかし、そんな菌はあり得ないと、欧米の研究者は相手にしませんでした。

●●● ピロリ菌が胃で生育できる理由

　小林六造の発見から 60 年以上たった 1982 年にオーストラリアのウォーレン（R. Warren）とマーシャル（B. Marshall）が胃の内部に生息する菌を再発見し、ヘリコバクター・ピロリと命名しました。残念ながら、ウォーレンとマーシャルは小林の発見を引用しませんでした。この菌はラセン状に 2、3 回ねじれており、長さは大腸菌より少し長めの 2.5 〜 5.0 マイクロメートルです。1 マイクロメートルは 1000 分の 1 ミリメートルです。

　ピロリ菌は、なぜ胃の中で生育できるのでしょうか。この菌は尿素を分解してアンモニアと二酸化炭素にする酵素をもっています〔$(NH_2)_2CO + H_2O \rightarrow 2NH_3 + CO_2$〕。このアンモニアのアルカリ性によって、菌の周囲は中和され生育する環境ができ、そこにたくさんのピロリ菌が集まります。ピロリ菌の分泌する毒素は胃の表面の細胞に侵入し細胞質に空胞をつくり、胃粘膜を傷害します。また、アンモニアは NH_3 として膜を通過し酸性の環境に行くと、NH_4^+ となり水素イオンをとってしまいます。したがって、ミトコンドリアの電子伝達（呼吸鎖）と ATP 合成、内部が酸性のオルガネラの機能を阻害します。

　日本人の 50 パーセントはピロリ菌の保菌者といわれています。ピロリ菌は胃ガンの原因になるといわれており、除菌することが必要です。作用機構の異なる 2 種類の抗菌剤を用い、さらにオメプラゾールのような水素イオンポンプを阻害するクスリを併用します。

第7章
生きるに必須な オルガネラと 水素イオンポンプ

　哺乳動物の細胞を見ると、細胞内膜系と総称されるオルガネラが細胞質に広がっています。エネルギー物語の第7章では、これらのオルガネラの機能を支えている多様な水素イオンポンプ（V-ATPアーゼ）の性質について考えます。生命を維持するのに必須な水素イオンポンプです。

1 内部が酸性のオルガネラ

●●● 細胞質にある多様なオルガネラ

　動植物の細胞質には、たくさんのオルガネラ（細胞内小器官）があります。これらの中には、エネルギー物語の前編で中心となったミトコンドリアも含まれています。さらに、被覆小胞、初期エンドソーム、後期エンドソーム、リソソーム、ゴルジ装置（図7-1）などのオルガネラが連携しながらそれぞれの役割を果たしており、この全体を細胞内膜系といいます。オルガネラを除いた部分はサイトソル（細胞基質）とよばれ、ほぼ中性です。

　さらに、私たちの細胞は多様に分化しており、それぞれの機能に応じた細胞内膜系のオルガネラがあります。神経細胞にあるシナプス小胞、ホルモン分泌細胞の分泌小胞（分泌顆粒）、受精に欠かせない精子のアクロソーム（先体）などのオルガネラは、分化した細胞に特有のものであり、

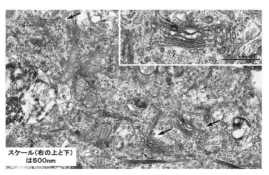

スケール（右の上と下）は500nm

図7-1　マウスの細胞の電子顕微鏡写真
矢印と右上の囲みはオルガネラの一つ、ゴルジ装置。

それぞれが生命維持のために独自の役割を果たしています。

ここであげた多様なオルガネラは共通の特徴として、内部の水素イオン濃度が高くなっています（図7-2）。アクリジンオレンジなどのpH指示薬を細胞内に加えると、試薬は細胞内膜系のオルガネラの内部へ入り、水素イオンと反応して色調が変わります。光学顕微鏡で見ると、内部が酸性の多様なオルガネラが、細胞内膜系としてはっきりと観察できます。

細胞内膜系のオルガネラは植物にもあり、代表的な液胞は植物体の成長や根の伸長、タンパク質や塩類、糖の保存などに関与しています。果実では液胞の内部に糖や有機酸

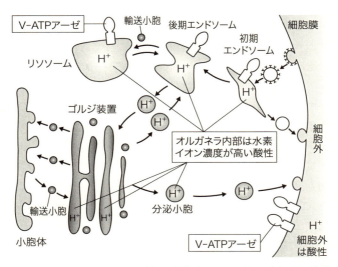

図7-2 細胞内膜系のオルガネラと小胞 オルガネラ内部と細胞外は酸性（H^+で示した）。矢印はオルガネラの移動、オルガネラの間にある小胞は第8章で解説する輸送小胞を示している。

を蓄積しており、酸味や旨味となっています。極端な例をあげましょう。レモンの果実の細胞では、液胞の内部がヒトの胃酸と同程度の強酸性です。

このように、細胞内膜系のオルガネラは受精から始まって神経の伝達に至るまで、多様な機能にかかわっています。次に、これらのオルガネラ内部の酸性はどのように形成されるのか、また私たちが生きるためにどんな役割をしているのか、この2つを中心に考えましょう。

●●● 水素イオンをオルガネラ内部に輸送する酵素

細胞内膜系のオルガネラにはATPの加水分解のエネルギーを使って内部に水素イオンを輸送するATPアーゼがあります。酵母や植物の液胞で初めに発見されたことから、液胞型ATPアーゼ(Vacuole-type ATPase)あるいは、液胞(Vacuole)の「V」をとって**V-ATPアーゼ**(V-ATPase)とよばれています。現在では、V-ATPアーゼは名前の由来である液胞だけではなく、内部が酸性の細胞内膜系のさまざまなオルガネラに見つかっています。水素イオンを輸送する酵素として、広く注目されるようになってきました。

1992年の6月には水素イオンを輸送するATPアーゼの国際会議がコロラド州で開かれ、V-ATPアーゼとATP合成酵素がサブユニット構造や反応機構など、似ている可能性が指摘されました。これに基づいて、V-ATPアーゼの膜表面の部分と膜に埋まっている部分が、ATP合成酵素のF1とFoにならって、それぞれV1、Voとよばれるようになりました(図7-3)。図に模式的に示していますが、いずれの部分(V1、Vo)もたくさんのサブユニットから

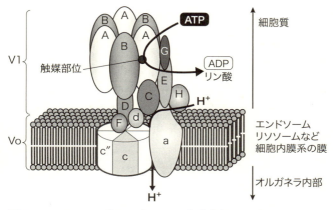

図 7-3 V-ATP アーゼのモデル ATP 合成酵素によく似ている。

できています。それぞれのサブユニットの機能については、後に述べます。

2　生きるために必須なオルガネラの酸性

●●● リソソーム内部を酸性にしている V-ATP アーゼ

　オルガネラの内部の酸性（高い水素イオン濃度）は何のために必要なのでしょうか？　——私たちは、内部の酸性が「生きるために必須」であると考えています。これを理解するために、次に一つのオルガネラにふれましょう。

　細胞内膜系のオルガネラとして最初に注目されたのはリソソームです。リソソームはタンパク質や糖などを加水分解するたくさんの酵素が入っているオルガネラとして、1955 年にド・デューブ（C. de Duve）が発見し、命名し

たオルガネラです。日本語ではライソソームともよばれています。この発見によりド・デューブは1974年にノーベル生理学・医学賞を受賞しました。

リソソームは加水分解酵素を介して多様な機能をもっています。細胞の食作用によって外部から取り込まれた細菌、タンパク質、毒素などの消化、細胞内のタンパク質やオルガネラの代謝、細胞外の物質の消化、細胞外への分泌などを担っています。第8章でふれますが、悪玉コレステロールの処理や骨代謝などにも欠かせません。

1963年にはリソソーム病の概念が確立しています。リソソーム内部の酵素の欠損、輸送障害が原因で起こる遺伝疾患です。症状は欠損する酵素によって異なりますが、中枢神経や腎臓機能の障害、心不全などさまざまです。リソソームは細胞内膜系の一員として、他のオルガネラと小胞輸送によってつながっています。

リソソームには最適pHが酸性である加水分解酵素が入っているので、内部が酸性であることが推定されていました。そのことが実際に明らかになったのは1970年代で、内部を酸性にしているのがV-ATPアーゼであることがわかったのは1980年代後半です。リソソームの機能にはV-ATPアーゼが欠かせないのです。

●●●● 酵母や線虫にも必須のV-ATPアーゼ

酵母のV-ATPアーゼは、ネルソン（N. Nelson、ロシュ研究所）と安楽泰宏（東京大学）によってくわしく研究され、V-ATPアーゼを理解する基礎になりました。酵母の細胞内膜系のオルガネラである液胞で、V-ATPアーゼは

水素イオンを輸送し、内部を酸性にします。液胞にはアミノ酸を輸送するトランスポーターが複数あり、十数種のアミノ酸が内部に輸送されます。また、カリウムイオンやカルシウムイオンのトランスポーターもあります。このように液胞はアミノ酸の貯蔵とともに、細胞質のイオン環境の制御に関与しています。

　もし酵母がV-ATPアーゼを欠失したならば、液胞やその他の細胞内膜系のオルガネラの内部を酸性にできません。周囲が中性の環境下では、細胞質もオルガネラ内部も中性となり、酸性ではたらく酵素の作用がなくなります。したがって、酵母はV-ATPアーゼがないと中性では生育できません。しかし、周囲の環境をpH5程度の培地にすると、酸性の培地を取り込んでオルガネラの内部が酸性になり、生育できます。このように、酵母のような単細胞生物でも、生きるためには細胞内膜系のオルガネラの内部を酸性にしなければならないのです。

　それでは、動物細胞の細胞内膜系のオルガネラとV-ATPアーゼに話をもどしましょう。まず、原始的な動物である「線虫」ではどうでしょうか。この小さな生物は全細胞数が1000にも満たないのですが、生殖、運動、認識など動物としての機能を全て備えています。細胞内膜系のオルガネラも発達しています。したがって、線虫にとってもV-ATPアーゼは重要であり、その機能がないと死んでしまいます。

　生きるために必須である証拠として、Voを構成するaサブユニットの例をあげましょう。このサブユニットには、4種類のイソフォームがあります。これらはよく似ていて、

いずれもaサブユニットとして機能しますが、アミノ酸配列が少しずつ異なっています。しかも成虫になるまでの過程で、異なる時期につくられて機能します。そのため、いずれか1つのイソフォームが欠失するだけで、それぞれが必要な時期になると線虫は死んでしまいます。

線虫は患者の尿から、ガンを検出できる生物として有名になっており、診断へ応用しようという動きもあります。線虫の生育を支えるのは、ATPとV-ATPアーゼなのです。

●●● 哺乳動物も生きるために必須

酵母や原始的な多細胞生物にとってのV-ATPアーゼを考えてきましたが、私たちヒトやマウスを含む哺乳動物では、V-ATPアーゼは必須でしょうか。

マウスの受精卵を試験管内で培養すると、分裂していく過程で細胞内膜系のオルガネラをはっきりと観察できます。内部が酸性であることから、先に述べたようなpH指示薬を使って可視化できるのです。さらに、培養を続けたところで、蛍光を発するように加工した多糖を加えると、各細胞に取り込まれて、リソソームへ蓄積する過程を見ることができます。このように、細胞内膜系のオルガネラは、受精の直後から機能しているのです。

それでは、哺乳動物ではV-ATPアーゼを欠失すると何が起きるのでしょうか。遺伝子を人工的に欠失させたマウス（ノックアウト・マウス）をつくるという手法を用いました。私たちがつくったのは、cサブユニットの遺伝子を欠失したマウスです。cサブユニットには遺伝子が1つし

かありませんから、マウスはV-ATPアーゼをつくれません。このマウスの受精卵は5回ほど分裂した後に、子宮に着床せず死んでしまいました。子孫を残すためには、V-ATPアーゼが必須であることが、よくわかります。

子宮には着床しないので、受精卵を取り出して試験管内で培養を続けると、オルガネラの内部は酸性ではなくなり、外から加えた多糖はリソソームには取り込まれませんでした。さらに、細胞を電子顕微鏡で見ると、ゴルジ装置やリソソームなどのオルガネラは、数倍も大きくなり、空胞になっていました（図7-4）。正常マウスの対応する場所（図7-1）と比べるとよくわかります。V-ATPアーゼのたった一つの遺伝子がなくなっただけで、細胞全体の構造がこれだけ大きく変化するのは、まさに驚きでした。

この結果はV-ATPアーゼがオルガネラ内部に形成する酸性pHは、オルガネラの形や大きさ、そして機能を保つために、必要であることを示しています。しかも、受精卵

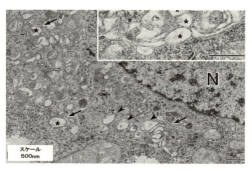

図7-4 ノックアウト・マウスの細胞の電子顕微鏡写真 矢印や★などは空胞を、Nは核を示している。

が分裂し始めて分化していく、生命活動のごく初期からです。欠失によって受精卵が着床できず、死んでしまうのが理解できます。マウスの結果ですが、同じ哺乳類のヒトでも同じことが起こると推定されます。

3 V-ATPアーゼとATP合成酵素は同じ祖先

●●● 2つの酵素の比較

細胞内膜系オルガネラの内部を酸性にしているV-ATPアーゼ（図7-3）はどんな酵素でしょうか。V-ATPアーゼの構造やはたらくメカニズムに関する知識は、その役割を考える上で重要です。

ATP合成酵素とV-ATPアーゼは膜表面から突き出した部分と膜内部に埋まったサブユニットからできており、おおまかなサブユニット構造はよく似ています。しかし、ATP合成酵素はミトコンドリアでATPを合成する酵素として、V-ATPアーゼは細胞内膜系のオルガネラに水素イオンを輸送する酵素として、全く別の仕事をしています。2つは、酵素として、どれほど似ているのでしょうか、また異なっているのでしょうか。

●●● 類似点と相違点

V-ATPアーゼの構造（図7-3）を見ましたが、ATP合成酵素（図3-10）と似ていることに驚いたでしょう。膜から細胞質へ突き出た部分がV1、膜に埋まった部分がVoです。構造と機能ともにATP合成酵素のF1とFoに対応しています。

V-ATPアーゼのAサブユニットはATP合成酵素のβサブユニットとアミノ酸配列がよく似ています。いずれにも触媒部位があり、反応にかかわるアミノ酸残基も同じと考えられます。V-ATPアーゼの図7-3をもう一度見ると、膜から突き出た部分に6分子からできているA_3B_3があります。これはATP合成酵素の $\alpha_3\beta_3$ 部分に相当します。

　いずれの酵素もATPの加水分解／合成にともなって水素イオンを輸送します。V-ATPアーゼでは、ATP1分子の加水分解で2つの水素イオンが輸送されます。ATP合成酵素では1分子のATP当たり3つの水素イオンの輸送と考えられるので、V-ATPアーゼの方が水素イオンを輸送する効率は少し低いようです。

　V-ATPアーゼの膜に埋まっているVo部分は、どうでしょうか。酵母では3つのサブユニットから、ヒトやマウスでは2つのサブユニットからできた円筒があります（図7-3）。V-ATPアーゼではこの円筒が、合計で6分子からできていて、膜を突き抜けています。ATP合成酵素では、円筒はcサブユニット10分子からできています。

　ATP合成酵素と同じように、V-ATPアーゼの円筒を構成するサブユニットにはグルタミン酸があり、aサブユニットのアルギニンと一緒に水素イオンの輸送路をつくります。

●●● V-ATPアーゼも回転

　構造的に2つの酵素がよく似ていることがわかりましたが、メカニズムはどうでしょうか。V-ATPアーゼも回転しながら、水素イオンを輸送しているのでしょうか。この疑問に答えるために、酵母の液胞からV-ATPアーゼを取

り出し、cサブユニットを介してガラス面に固定しました。次にGサブユニットに棒状のタンパク質をつけました。これに、ATPを加えて上から観察すると、反時計方向にATP合成酵素とほぼ同じ速度で回転しました。

どこが回るのでしょうか。V-ATPアーゼのサブユニット構造を見ましょう(図7-3)。回転するのはDサブユニットがcとc″からできた円筒に結合した部分です。この部分は、A_3B_3（V1）の中央部にあります。これはATP合成酵素の回転する部分（ローター）、γとcサブユニットの円筒に対応します。

●◯● V-ATPアーゼもATPをつくれるか

ATP合成酵素とV-ATPアーゼがよく似ているのは、２つの酵素が同じ祖先タンパク質から進化したからではないのか？ ──この疑問に答えるために、V-ATPアーゼの機能をさらに検討しました。

その中でまずテーマにしたのはV-ATPアーゼの反応です。すでに出てきましたが、ATP合成酵素は逆反応もでき、ATPを加水分解して水素イオンを輸送します。一方、V-ATPアーゼは本来の仕事は水素イオンを輸送することですが、やはり逆反応もできてATPをつくれるのか──つまりV-ATPアーゼのはたらきが可逆的かどうかという疑問です。

V-ATPアーゼがある液胞やリソソームなどのオルガネラは、ミトコンドリアのように電子伝達がないので、ATP合成に十分な水素イオンの濃度差をつくれません。したがって、V-ATPアーゼは細胞内でATPを合成する

ことができません。

　それでは、人工的に高い水素イオンの濃度差をつくったら、V-ATPアーゼは本来の仕事と逆反応のATP合成をするでしょうか。これを確かめるため、水素イオンを輸送する植物の酵素を酵母の液胞の膜に入れました。植物の酵素が水素イオンを液胞の内部に輸送するのを確認してから、続けてADPとリン酸を入れると、V-ATPアーゼによってATPが合成されたのです。V-ATPアーゼも条件さえ整えば、ATPを合成できるのです。

●●● 同じ祖先タンパク質から

　V-ATPアーゼの構造と反応メカニズムを見てきましたが、ATP合成酵素とよく似ています。ATP合成酵素とV-ATPアーゼは、条件しだいでは互いに同じはたらきをすることがわかったので、2つは同じ祖先タンパク質から進化したと考えてよいでしょう。ATP合成酵素をもつ生物が進化して多細胞になるにともなって、細胞の内部のオルガネラの機能が多様になり、ATP合成酵素が変化して水素イオンポンプとしてのV-ATPアーゼができたのでしょう。

　その証拠は、構造と反応のメカニズムに加えて、遺伝子の構造にも残っています。V-ATPアーゼのcサブユニットの遺伝子はATP合成酵素のものの2倍の大きさでした。アミノ酸配列をよく見ると、進化の過程でATP合成酵素のcサブユニットの遺伝子が2つつながり、V-ATPアーゼの遺伝子になったと推定できます。

　V-ATPアーゼは、試験管内ではATPを合成できたの

ですから、自然界にもこの酵素を使ってATPをつくる生物がいて不思議はありません。実際、極限環境に生きている「古細菌」とよばれる菌のATP合成酵素のアミノ酸配列は、V-ATPアーゼのサブユニットの配列と約60パーセントが同じでした。古細菌のATP合成酵素がV-ATPアーゼに近いことは、立体構造から示されています。

4 V-ATPアーゼと病気

多様なV-ATPアーゼ

マウスやヒトのゲノムの中にV-ATPアーゼの遺伝子を孫戈虹（大阪大学）が中心になって探したところ、V-ATPアーゼのもう一つの特徴が明らかになりました。

V-ATPアーゼにとって基本的なATPの加水分解と水素イオンの輸送にかかわっている7種のサブユニットの遺伝子は、それぞれ1つずつでした。これに対して、他の6種のサブユニット——V1部分のB、C、E、GとVo部分のa、c、d——には、それぞれに対応した少しずつ異なる遺伝子が存在しました。このことから、同じ機能をもちながら一次構造の少しずつ異なる、2～4種類の**イソフォーム**があることがわかったのです（図7-5）。このようにたくさんのイソフォームがあることは、思いがけない発見でした。

イソフォームを整理すると、2つに分けることができました。分化した細胞のV-ATPアーゼだけがもっている固有のイソフォームと、どの細胞のV-ATPアーゼにも共通のイソフォームです。V-ATPアーゼはその固有のイソ

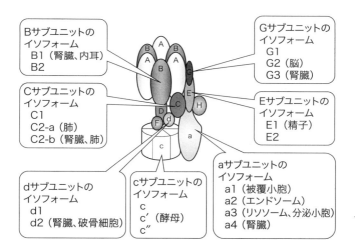

図7-5 多様なイソフォーム （ ）内にオルガネラや組織を示していないものは、どの細胞にもあるイソフォームである。

フォームによって、機能が分化した細胞や細胞内の異なるオルガネラに適応して存在できるようになったのでしょう。イソフォームはホルモン分泌細胞や骨代謝に関与する細胞の機能を支えています。

　分化した細胞に固有のイソフォームが欠損しても、個体は共通のイソフォームをもつV-ATPアーゼで生きていけます。しかし分化した細胞の機能が欠損し、病気につながります。上にあげた例ではホルモンの分泌や骨代謝が異常になります。しかし、どの細胞にも共通なイソフォームが欠損すると、V-ATPアーゼは生きるのに必須ですから生きていけません。すでに出てきましたが、cサブユニット

のノックアウト・マウスの受精卵は着床できなかったことを思い出して下さい。

●●● イソフォームの突然変異と病気

V-ATPアーゼはATP合成酵素と祖先を同じくするタンパク質から進化しつつ、独自の機能をもつことで、複雑な生命のはたらきに対応できるようになってきました。さらに、V-ATPアーゼのサブユニットにはイソフォームができ、分化した細胞の機能を支えるようになったと考えられます。したがってイソフォームの突然変異がいろいろな病気を引き起こしています。

神経細胞、腎臓、肺、精子、内耳などの細胞内膜系や細胞膜には、固有なイソフォームをもつV-ATPアーゼがあり、分化した細胞に特有な機能を担っています。したがって、固有なイソフォームの変異によって深刻な遺伝病になります。例をあげましょう。

触媒部位のあるA_3B_3複合体をつくっているBサブユニットにはB1とB2のイソフォームがあります。B2はどの組織のV-ATPアーゼにもあり、共通の機能をもっているので、遺伝的に欠損すると死に至ります。これに対して、B1をサブユニットとするV-ATPアーゼは内耳の有毛細胞の細胞膜にあり、ATPの加水分解のエネルギーを使って水素イオンを細胞の外に出しています。したがって、B1イソフォームの遺伝子が変異すると、水素イオンを出せなくなり、聴覚に異常が生じ難聴になります。

また、V-ATPアーゼは腎臓によるイオンの調節に関与しています。この機能に密接に結びついているのが、腎臓

の介在細胞などに固有なイソフォーム、a4、B1、C2-b です。いずれかの遺伝子が変異を起こすと、水素イオンの輸送が低下し、体内の酸が増えてしまい腎疾患になることが知られています。正常の血液は pH7.4 と中性に保たれていますが、病気になると血液が酸性になり全身の細胞の酸と塩基の平衡が崩れ、同時にカリウムイオンやカルシウムイオンが失われます。分化した細胞のイソフォームの役割は厳密なので、腎臓に特有な機能を他のイソフォームが補えないのです。これが重篤な症状となる原因です。

　もう一つの例を見ましょう。C サブユニットには C1 に加えて、C2-a と C2-b の 3 つのイソフォームがあります。C1 はどの細胞にも共通して存在します。C2-a をもつ V-ATP アーゼは肺胞上皮細胞のラメラーボディーというオルガネラの内部を酸性にします。このオルガネラは、次に述べる肺サーファクタントの分泌に関与しています。肺サーファクタントは、リン脂質とタンパク質からつくられており、生物のつくる界面活性剤として、肺胞の表面張力を減少させます。したがって、V-ATP アーゼの変異によって分泌のメカニズムが損傷すると、肺の表面張力が上昇し、呼吸不全になります。サーファクタントが欠乏している患者のため人工の界面活性剤が開発されています。

第8章
ATPが支える細胞内の輸送・運搬

　生命の維持に重要なイオンの輸送、細胞質に広がる細胞内膜系オルガネラとV-ATPアーゼについて考えてきました。エネルギー物語の第8章では細胞の内外で行われている物質の輸送・運搬を見ていきます。ここではATPのエネルギーを使ってV-ATPアーゼが水素イオンを循環させ、細胞の機能そして生命を支えています。

1 小胞を使うメカニズム

●●● 小胞輸送の役割

閉じた空間である細胞はいろいろな物質を取り込んだり、外に出したりします。イオン、アミノ酸やグルコースなどの「小さな分子」の輸送と、これを担当しているトランスポーターや、ATPを加水分解し、自身をリン酸化しながらイオンを運ぶP-ATPアーゼについては、すでに述べたとおりです。

この章では、細胞がどのようにして、「もっと大きな分子」であるタンパク質や脂質などを細胞内へ取り込むか、あるいは、細胞外へ出す——つまり分泌する——か、を考えましょう。このメカニズムには、「膜」のユニークなふるまいが関与しています。閉じた膜からできたオルガネラと小胞が細胞質を「動きまわって輸送する」という意味から**小胞輸送**とよばれています。話題にするのは、次の3つのメカニズムです。

(a) タンパク質、脂質、ウイルス、細菌等が細胞の外から細胞膜に結合すると、そこから一部が陥入し、膜に囲まれた小胞ができます。これが細胞質の中を移動して、リソソームやエンドソームに行き、外来物質は分解され処理されます。**エンドサイトーシス**（endocytosis）とよばれるシステムです（図8-1(a)）。エンド（endo）は内側や内部、サイトーシス（cytosis）は膜による輸送を表す言葉です。細胞がものを飲み込むように見えることから、細胞のもつ飲作用とか食作用とよばれたこともありました。ただ口を開けて飲み込むのではなく、包みながら小胞に入れ

(a) エンドサイトーシス（膜による物質の取り込み）

(b) エキソサイトーシス（膜による物質の分泌）

(c) トランスポーターの輸送（細胞膜の改変）

図 8-1　小胞輸送の役割

　て細胞内へ取り込む膜のふるまいがユニークです。これによって、外から取り入れたものが、細胞質一面に広がることはありません。

(b) 細胞は、内部でつくった化合物を細胞外へ分泌します。ホルモンやタンパク質（消化酵素など）は分泌細胞から、神経の伝達にかかわるアセチルコリンやグルタミン酸などは神経細胞から、外に分泌されます。いろいろな細胞に備わっている**エキソサイトーシス**とよばれるメカニズムです（図 8-1(b)）。エキソ（exo）は外部や外側を意

味しますから、物質を外へ出すサイトーシス（膜による輸送）です。この分泌のときには、膜が (a) とは逆のふるまいをして物質を細胞外へ出します。

(c) 膜がかかわるメカニズムは、オルガネラの間の輸送にも使われており、化合物・物質を小胞に入れ運搬します。また、新たにタンパク質を供給し**細胞膜の機能を変える**場合にも使われます（図 8-1(c)）。たとえば、外からの情報に応えて、細胞膜にトランスポーターを増やす場合などです。トランスポーターは小胞の膜に入って細胞膜まで運ばれます。

オルガネラや小胞は ATP エネルギーを使うモータータンパク質によってアクチン繊維や微小管の上を運ばれます（図 5-2）。さらに、オルガネラや小胞の内部を酸性にする V-ATP アーゼと ATP がかかわります。

小胞に入れて（梱包して）運ぶしくみは、タンパク質や多様な物質を不必要な場所に届けたり、運ぶ途中で細胞に障害を与えたり、本来の目的地に配達できなかったり……、こんな事故を未然に防いでいると考えてよいでしょう。(a)、(b)、(c) のメカニズムは、細胞生物学の研究対象としてだけではなく、細胞の外からの情報伝達、私たちの健康や病気にも関係します。それでは、くわしく見ていきましょう。

2　細胞の外から中へ──エンドサイトーシス

●●● 悪玉コレステロールの処理

エンドサイトーシスは、細胞膜、細胞内膜系のオルガネ

ラや小胞を使って、細胞の外から脂質、タンパク質、イオンなどを取り込むシステムです。私たちにとって、健康診断でお馴染みの**悪玉コレステロール**にかかわる話から始めましょう。

コレステロールは細胞膜を構成する成分であり（図1-6）、ステロイドホルモンや胆汁酸の材料として、健康を維持するのに欠かせない脂質です。体内のコレステロールには、食事から取り入れられるものと、体内で生合成されるものがあります。

悪玉コレステロールとは、コレステロールにタンパク質やリン脂質などが結合した直径が20ナノメートル（10万分の2ミリメートル）と比較的大きな粒子です。この粒子は、肝臓でつくられて血液中に入り、コレステロールを必要な細胞へ運ぶ役割をしています。水に溶けにくいコレステロールが、水に馴染みやすい粒子になって輸送されているのです。この粒子を私たちは悪玉コレステロールといっていますが、もともと体内にあるもので、初めから「悪」であるわけはありません。悪玉コレステロールではなく、低密度リポタンパク質（LDL）という正式な名前があるので、これからは **LDL** とよぶことにしましょう。最初の2文字、LD は比重が小さい、最後のＬはリポタンパク質の略です。

LDL が細胞までやってくると、まず細胞膜の受容体（LDL 受容体）に結合します。すると、細胞膜がくぼみながら LDL を包み込んで小胞を形成し、細胞内に取り込まれます。ここで小胞をつくるために必要だったタンパク質（コート）は外れます（図8-2）。

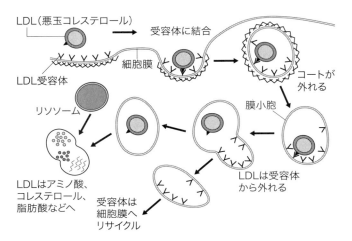

図8-2 エンドサイトーシス LDL（悪玉コレステロール）の取り込みの例を見る。

　小胞は、細胞質内を移動してエンドソームと融合します。エンドソームはリソソームまで運搬する途中にあるオルガネラで、運搬するものを整理しているようなオルガネラです。内部はV-ATPアーゼによって酸性になっています。ここで受容体はLDLを外し、別の小胞に入り、細胞膜に戻ってリサイクルされます。エンドソームはちぎれて、リソソームに融合します。そしてリソソーム内部で、LDLの構造は壊れ酸性を最適な条件とする酵素によって、タンパク質はアミノ酸にまで分解され、コレステロールは遊離して、いずれも細胞質へ出されます。こうしてはじめて、細胞に必要なコレステロールが細胞質へもたらされるのです。このメカニズムによって、血液中のLDLは減少し、

細胞には必要なコレステロールが供給されます。

ATPとV-ATPアーゼがつくるオルガネラ内部の酸性は、エンドソームではタンパク質と受容体の結合を外したり、リソソーム酵素がはたらくときに必要です。

LDLの取り込み過程が遺伝的に欠失すると、重篤な症状を呈します。受容体に欠陥がある**LDL受容体欠損症**では高コレステロール血症になります。受容体がLDLを結合できない、あるいは、受容体が少ないような場合には、血液中にLDLが蓄積し、同時に細胞内のコレステロール代謝が異常になり、生後数ヵ月で死亡します。脂質異常症とよばれる遺伝病です。このような異常は他の疾患が原因でも起きることが知られています。LDLが悪玉コレステロールに変身したところです。

また、加齢、栄養のバランスの悪い食生活、運動不足などでLDLは上昇しやすいといわれています。悪玉コレステロールですから、血液中に増えすぎると血管壁に沈着して高脂血症（脂質異常症）や動脈硬化の原因になります。血中に蓄積されるコレステロールのほとんどがLDLに由来しています。これが、健康診断でLDLを調べる理由です。治療にはコレステロールを合成する過程で初めの化学反応を止める薬剤が用いられています。

●●● 鉄イオンの取り込み

鉄は酸素を運ぶヘモグロビン、ミトコンドリアで電子伝達をしているタンパク質や酸化還元反応をする酵素の成分であり、私たちにとって必須成分です。鉄イオンの取り込みもエンドサイトーシスによるものです。

細胞の外で3価の鉄イオン（Fe^{3+}）を結合した**トランスフェリン**とよばれるタンパク質が、細胞膜にある受容体に結合します。次に、細胞膜がくびれた小胞の中に入って細胞内に取り込まれます。小胞がエンドソームと融合すると、鉄イオンはトランスフェリンから外れて、細胞質に放出されます。受容体とトランスフェリンの入った小胞は細胞膜に戻り、リサイクルされます。

　この過程にはエンドソームの内部がV-ATPアーゼによって酸性（約pH 5）になっていることが必要です。トランスフェリンは中性の細胞外でFe^{3+}を結合し、エンドソームの酸性で遊離します。このトランスフェリンの性質がFe^{3+}の輸送にうまく使われているのです。したがって、V-ATPアーゼに欠陥があると鉄イオンは細胞内に供給されなくなります。

　エンドサイトーシスの過程に関与するオルガネラの内部を見ると、オルガネラが細胞膜を離れて、エンドソームを経てリソソームに近くなるにつれて、pHは6.5から5以下と、だんだんと酸性になっていきます。このpHの変化はV-ATPアーゼ、塩素イオン（Cl^-）の通路（チャネル）、ナトリウムイオンと水素イオンを逆方向に輸送するトランスポーターなどの分布がオルガネラによって異なるためです。このpHの差が鉄イオンを取り込み、細胞内で遊離するのにうまく使われているのです。

●●● 抗生物質バフィロマイシンからわかること

　ATPを加水分解してV-ATPアーゼがつくる「酸性」が必要なことは、理解できたでしょうか。オルガネラの内

部の酸性の役割を理解する上で、重要な役割を果たしたのは、**バフィロマイシン** A1 といわれる抗菌物質（抗生物質）を使った研究です。この抗生物質 1 分子が V-ATP アーゼの膜内にある円筒（c、c″）と a サブユニットの間（図 7-3）に結合すると、ATP の加水分解、サブユニットの回転、そして水素イオンの輸送が阻害されます。したがって、この抗生物質を細胞に加えると、オルガネラの内部は中性になります。

バフィロマイシンは、P-ATP アーゼをはじめ他の ATP アーゼを阻害しないので、V-ATP アーゼのつくるオルガネラ内部の酸性の役割を知る重要な試薬となりました。

バフィロマイシンを入れておいても、細胞の外にタンパク質を加えると、細胞膜がくびれ小胞に取り込まれます。しかし、小胞は初期エンドソームからリソソームまでは運ばれません。また、仮にリソソームまで運ばれたとしても、バフィロマイシンによって内部が酸性にはならないので、中に入ったタンパク質は分解されません。このようにして、バフィロマイシンを使ってオルガネラ内部の酸性の役割を解析することができます。

バフィロマイシンを使った、もう一つの例を見ましょう。**ジフテリア菌の毒素タンパク質**を細胞に加えると、エンドサイトーシスによって小胞に取り込まれます。小胞は初期エンドソームまで輸送され、内部の酸性によって断片となった毒素は、細胞質に出て細胞がタンパク質をつくるのを阻害します。細胞のエンドサイトーシスのメカニズムを使って毒素が機能を発揮するのです。ところが、バフィロマイシンを加えると、V-ATP アーゼが阻害されるので、

エンドソームの中は酸性になりません。したがって、断片になれない毒素は作用を示しません。

残念ながら、バフィロマイシンは、毒素中毒に対するクスリにはなりません。他に機能しているV-ATPアーゼも全て阻害してしまうからです。

●●● 尿からのタンパク質の回収

V-ATPアーゼがオルガネラ内部を酸性にしており、これをうまく使って細胞外からいろいろな物質を取り込むエンドサイトーシスを理解できたでしょうか。

最近になって、バフィロマイシンを使った腎臓の研究から、V-ATPアーゼの役割はオルガネラの内部を酸性にしているだけではないことが、わかりました。

腎臓の尿が通る細い管（尿細管）では、表面の細胞が尿中に出てしまったタンパク質をエンドサイトーシスによって初期エンドソームの内部に回収します。タンパク質を体内から失うのをできるだけ少なくしようというメカニズムです。

尿中から回収されたタンパク質は、初期エンドソームから小胞の中に取り込まれます。この小胞ができるには初期エンドソームの内部が酸性であるだけでなく、V-ATPアーゼのa2サブユニットとcサブユニットが必要です。小胞をつくるのに必要なファクターが、これらのサブユニットに結合するからです。小胞はエンドソームからリソソームに運ばれ、タンパク質は内部でアミノ酸にまで分解され、細胞質に回収されます。

ここに、バフィロマイシンを加えると、V-ATPアーゼが阻害され、小胞をつくるのに必要なファクターが結合で

きなくなるとともに、初期エンドソームの内部は酸性になりません。これによって、輸送を担当する小胞をつくれなくなり、尿中から回収したタンパク質はリソソームにはたどり着けません。

このようにして、V-ATPアーゼは初期エンドソーム内部を酸性にするだけではなく、小胞輸送にも関与していることがわかります。初期エンドソームから小胞ができ、リソソームまで行くメカニズムを完全に理解するにはさらに研究が必要です。

3 細胞の中から外へ——エキソサイトーシス

●●● ホルモンやタンパク質分解酵素の分泌と神経伝達

「細胞の外から中へ」のメカニズムを見ましたが、次に「細胞の中から外へ」のシステムとしてエキソサイトーシスを考えましょう。エキソは外部や外側の、サイトーシスは膜動輸送の意味です。細胞膜に小胞や分泌小胞が融合して、外へと分泌される——開口分泌ともいわれる細胞から外への分泌です（図8-3）。小胞が細胞膜から化合物を細胞外に出すときのふるまいは、細胞外から化合物を取り入れるときとちょうど逆の過程です。小胞の膜が細胞膜と融合しながら、小胞内の化合物を細胞外へ出します。小胞と同じ機能をしている分泌小胞は分泌に特化している細胞のオルガネラの名称です。

またインスリンのようなホルモン、トリプシンやキモトリプシンのタンパク質分解酵素などは細胞内でつくられて分泌小胞の中に入れられ、細胞質を運ばれた後に細胞膜か

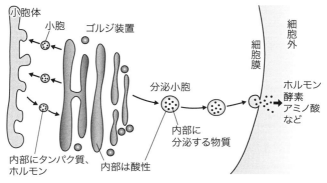

図 8-3　模式的に示したエキソサイトーシス

ら外へ出されます。いずれも、ATP と V-ATP アーゼが深くかかわるエキソサイトーシスです。

神経細胞の小胞の中にはグルタミン酸などの低分子化合物が入っており、これは神経の伝達のために分泌されます。そのメカニズムを見ましょう。

●●● シナプスの化学伝達

神経の伝達にも V-ATP アーゼがかかわるエキソサイトーシスが機能しています。神経の電気的な刺激が化学物質によって標的細胞に伝達されるメカニズムです。

神経細胞の終末にある**シナプス小胞**からストーリーが始まります。神経の伝達にかかわる化学物質は神経伝達物質（ニューロトランスミッター）とか伝達物質（トランスミッター）とよばれ、神経細胞の末端にある小胞（シナプス小胞）に蓄積されます。神経細胞によって異なりますが、グルタミン酸やアセチルコリン、セロトニンなどが伝達物質

です。

シナプス小胞ではV-ATPアーゼがATPを加水分解し、内部に水素イオンを輸送します。小胞の内外に形成されるpHの差や電位差をエネルギーとして、シナプス小胞の膜にあるトランスポーターが伝達物質を小胞内部へ取り込みます（図8-4）。たとえば、グルタミン酸は電位差をエネルギーとして、セロトニンは水素イオンとの逆輸送、アセチルコリンは2つの水素イオンとの逆輸送によって、それぞれのトランスポーターが取り込みます。「シナプス小胞がどの伝達物質をもっているか」は、神経細胞によって異なります。図8-4は、いろいろな神経細胞のシナプス小胞

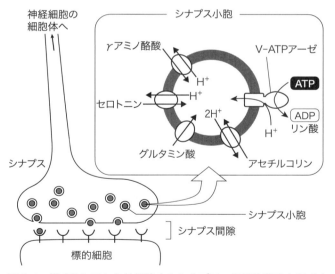

図8-4 模式的に示した神経終末とシナプス 伝達物質は水素イオン（H^+）のエネルギーでシナプス小胞に取り込まれる。

を一つにまとめたものです。

　電気的な刺激が軸索を経て神経の終末まで伝わると、シナプス小胞が、神経細胞の細胞膜と融合し、内容物である伝達物質が**シナプス間隙**（神経細胞の末端が他の細胞と接する部分）に分泌されます。伝達物質が標的細胞である神経細胞や筋肉細胞の細胞膜にある受容体に結合して情報が伝達されます。化学伝達とよばれるメカニズムです。

　化学伝達に使われた物質は、神経細胞に回収されるか、分解されて、シナプス間隙から迅速になくなります。たとえば、グルタミン酸はトランスポーターによってナトリウムイオンとの共輸送で、神経細胞の内部に回収され再び利用されます。アセチルコリンはアセチルコリン・エステラーゼによって酢酸とコリンに加水分解され、それぞれが別のトランスポーターによって神経細胞に回収されます。

　分解や回収が阻害されると、伝達物質が高濃度でシナプスに残ってしまい、深刻な状況になります。たとえば、ナチスドイツの開発した毒ガス「サリン」はアセチルコリン・エステラーゼに不可逆的に結合するので、酵素の機能がなくなります。その結果、アセチルコリンが加水分解されなくなり、自律神経節や神経と筋肉のシナプス間隙に蓄積します。これが繰り返し受容体に結合し、筋肉細胞は過剰な刺激を受け、間もなく麻痺状態になります。呼吸にかかわる筋肉もその一つです。ヒトの経口致死量は 0.5 〜 0.7 ミリグラムです。

　これに対して、アセチルコリン・エステラーゼの可逆的な阻害剤であるドネペジルによって、アセチルコリンの分解は遅くなり、アルツハイマー型認知症の進行を抑制しま

す。クスリとして用いられているのは、不可逆的な結合をするサリンとは異なるからです。

●●● タンパク質分解酵素の分泌

前項では伝達物質の分泌を見ましたが、もう少し大きなタンパク質やホルモンはどのようにして分泌されるのでしょうか。細胞質のタンパク質製造工場である小胞体の上でつくられたタンパク質やホルモンは、ゴルジ装置を経て分泌小胞の中に入れられます。分泌小胞は細胞質を運ばれて、細胞膜と融合し内容物は細胞の外に出されます。このメカニズムによって、高い濃度でタンパク質やホルモンが分泌されます。

すい臓から分泌されるタンパク質分解酵素を考えると、エキソサイトーシスの役割は理解しやすいでしょう。タンパク質分解酵素は細胞質に散逸しないように、分泌小胞の中にあり、しかも、それぞれトリプシノーゲンやキモトリプシノーゲンという形になっているので、まだタンパク質を分解できません。分泌小胞が細胞膜と融合し、中身が細胞の外に出されると、それぞれが腸内で「ノーゲン」ではなくなり、トリプシンとキモトリプシンとなって、タンパク質を分解できるようになります。機能できない形のもの（前駆体）をつくり、さらに小胞の中に入れて、細胞内ではたらかないように二重にロックした安全な形で細胞質を輸送して、細胞膜から分泌しているのです。

●●● インスリンも細胞の外へ

それでは、血糖値によって調節されるインスリン分泌の

メカニズムを考えましょう。食事によって、血糖値が上昇するとグルコースはグルコース・トランスポーター2によってすい臓の細胞に取り込まれます。細胞内では、解糖系から始まるエネルギー代謝が上昇し、細胞質のATPの濃度が上がります。その結果、カルシウムイオンが流入し、分泌小胞が細胞膜と融合し、インスリンが血中に分泌されます。そして、インスリンがグルコースの細胞内への取り込みを促進し、血糖値が下がります。この低下をすい臓の細胞が認知し、インスリンの分泌も少なくなります。

ここでV-ATPアーゼですが、aサブユニットには、ヒトやマウスでは4つのイソフォームがあります。インスリン分泌小胞を調べると、a3イソフォームをもったV-ATPアーゼがありました。そこで、このサブユニットを欠失したマウスを調べたところ、血液中にインスリンを分泌していなかったのです。インスリン分泌が不全になったマウスは、血糖値が上昇し、インスリン依存性糖尿病の症状を示しました。バフィロマイシンを使って解析を続けたところ、a3サブユニットはV-ATPアーゼのサブユニットとして水素イオンの輸送だけではなく、インスリン分泌の過程そのものに関与していました。どのようなメカニズムによって関与しているか、これから答えるべき興味ある疑問です。

取り囲んでいる膜や内部に存在するタンパク質から考えると、分泌小胞はインスリンの入っている単なる袋ではなく、情報伝達にも関与するオルガネラと考えられます。今後の研究が楽しみです。

4 細胞膜の機能を変える

●●● インスリンによる細胞膜の改変

エキソサイトーシスは、ホルモンやタンパク質を細胞外に分泌するだけではありません。同じメカニズムによって、細胞内膜系の小胞が細胞膜の性質を大きく変えることがあります。

例として、血糖値が上昇するとインスリンが血液中に分泌され、インスリンからの情報によって体中のいろいろな細胞で細胞膜からのグルコースの取り込みが上昇する過程を見ましょう。第2章で解説したように、グルコース・トランスポーターが細胞外からグルコースを取り込むのですが、そこには細胞膜にトランスポーターを増加させるしくみがあるのです。

グルコース・トランスポーター4は、細胞膜にあるだけでなく、細胞質内に、小胞に入った形で存在しています。インスリンが細胞膜の受容体に結合すると、トランスポーター4をもつ小胞が細胞質を移動して細胞膜に融合します（図8-5の❶～❸）。すると細胞膜にはトランスポーターが増え、グルコースの取り込みが十数倍に上昇します。

このとき心筋細胞や骨格筋細胞などでは、グルコースはグリコーゲンに変換されて蓄えられます。また、脂肪細胞では脂肪（トリアシルグリセロール）に変換して蓄えます。

こうして、血糖値が低くなっていくと、インスリンの濃度も低下します（図の①）。そこで、エンドサイトーシスのメカニズムによって、トランスポーターは細胞膜から小胞の膜に入り、元の細胞質に戻ります（図の②③）。そし

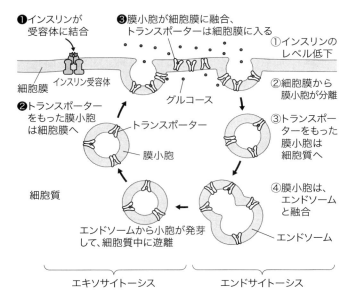

図 8-5 インスリンが細胞膜を変える 図中の「トランスポーター」はすべてグルコース・トランスポーター4。

てオルガネラのエンドソームと融合します(図の④)。このように、細胞の状況に応じて、細胞膜の機能や性質は変化します。

血糖値が下がるメカニズムを見てくると、インスリンが分泌されなかったり、グルコース・トランスポーターが細胞膜に運ばれないといった遺伝的な不具合によって、Ⅰ型の糖尿病を発症することが理解できます。すでに述べたマウスの場合も V-ATP アーゼの欠失により同様の症状を示

しました。このような糖尿病ではインスリンを注射して補うことになります。なおⅠ型糖尿病は生活習慣とは無関係で、遺伝的なものです。

インスリンの作用が低下すると全身の微細血管の内皮細胞が障害を受け動脈硬化や血栓などが起こります。Ⅱ型糖尿病は過食、肥満、運動不足、加齢などによってインスリンが効きにくいことから起こります。

このように、糖尿病はインスリン、トランスポーター、グルコース、V-ATPアーゼが原因となる疾病です。

細胞膜とヒスタミンや抗利尿ホルモン

細胞の外からの情報によって、細胞膜の機能や性質が大きく変わる例は、他にもあります。ヒスタミンが受容体に結合すると、胃の壁細胞では水素イオンポンプをもつ小胞が細胞膜に集まってきて融合し、ポンプの数を増やします。このメカニズムは水素イオンポンプ（第6章参照）のクスリのところで、すでに述べました。

もう一つの例は、腎臓の集合管の上皮細胞の細胞膜にある水分子を、選択的に再吸収しているタンパク質、アクアポリン（AQP2）です。アクアポリンは尿を濃縮するはたらきをし、体内の水分の量を調節しています。抗利尿ホルモンであるバソプレシンなどの情報によってアクアポリンをもつ小胞が細胞膜に集まってきて融合し、アクアポリンの数を増やします。これによって上皮細胞の細胞膜では水の取り込みが上昇します。このタンパク質を遺伝的に欠失している患者では、水を回収できないので、イオン、尿素、老廃物などの成分が薄い尿を多量に出すことになります。

5 細胞膜にある V-ATP アーゼ

●●● 細胞の外を酸性に

　細胞内膜系のオルガネラの内部を酸性にする V-ATP アーゼについて考えてきました。細胞の種類によっては、V-ATP アーゼはオルガネラだけではなく、細胞膜にも埋め込まれています。水素イオンを細胞外へ輸送し、細胞、組織あるいは個体におけるイオンや pH の平衡にかかわっています。分化した腎臓の介在細胞や内耳の有毛細胞の細胞膜には、V-ATP アーゼがあり、欠失すると遺伝病になることは、第 7 章ですでに述べました。ガン細胞や破骨細胞などの細胞膜にもあり、細胞の外へ水素イオンを輸送しています。

　V-ATP アーゼがオルガネラや細胞膜に存在するためには、膜内に埋め込まれた部分にある a サブユニットが関与しています。a1 と a2 をもつ V-ATP アーゼは細胞質のオルガネラに限って存在しています。また、a3 はリソソーム、インスリン分泌小胞の膜、破骨細胞の細胞膜などに、a4 は腎臓の細胞膜に限ってそれぞれ存在しています。

　どのようなメカニズムで、ヒトやマウスのイソフォームが、V-ATP アーゼを特定の場所だけに存在させることにかかわっているか、いまだくわしいことはわかりません。酵母では、a サブユニットの 2 つのイソフォームのアミノ末端側の構造が、その V-ATP アーゼをどのオルガネラに存在させるのかを決めています。

●●● ガン細胞の V-ATP アーゼ

　ガンの大きな特徴の一つに「転移する機能」があります。すなわち、ガン細胞が最初にできた場所とは離れた臓器に到達し、そこで増殖するという性質です。転移する機能の高いガン細胞の細胞膜には V-ATP アーゼがあり、a3 あるいは a4 イソフォームをもつと報告されています。この V-ATP アーゼが水素イオンを輸送し、細胞内を中性に保ち、細胞外を酸性にしています。これによって、ガン細胞が分泌するタンパク質や脂質の分解酵素は酸性条件でよくはたらくようになります。転移しやすい条件を V-ATP アーゼがつくっています。

　試験管内で測定した実験ですが、阻害剤バフィロマイシンを加えると細胞の転移が阻害されました。このバフィロマイシンは、細胞の外からだけ作用するように工夫されていました。また、a サブユニットあるいは c サブユニットの細胞外に出ている部分に特異的に結合するタンパク質（抗体）はガン細胞の V-ATP アーゼに結合し転移を阻害しました。

　これらの結果は V-ATP アーゼが細胞の外を酸性にすることが転移に関与していることを支持しています。どのようにして V-ATP アーゼがガン細胞の細胞膜に発現するようになるか、転移のメカニズムを知る上で今後の研究が期待されます。

　このように V-ATP アーゼが関与することから転移のメカニズムをターゲットとする創薬が可能であると考えられます。

●●● 骨代謝と破骨細胞

破骨細胞は名前から明らかなように、「破骨」すなわち骨組織の吸収（骨吸収）をする多核細胞です（図 8-6）。健全な骨組織では**骨芽細胞**による骨形成と**破骨細胞**による骨吸収が行われており、その間に平衡が保たれています。したがって、骨は絶えずつくり直されているのです。平衡が崩れ、形成あるいは吸収のどちらかに偏ると病気につながります。

破骨細胞の細胞膜は、骨基質との間に「**骨吸収窩**」とよばれる酸性の場所をつくります。ここでも、V-ATPアーゼが大きな役割を果たします（図 8-6）。

塩酸を分泌している胃の細胞と同じように、破骨細胞では細胞質でカーボニック・アンヒドラーゼ（炭酸脱水酵素）によってCO_2とH_2Oから水素イオン（H^+）と重炭酸イオ

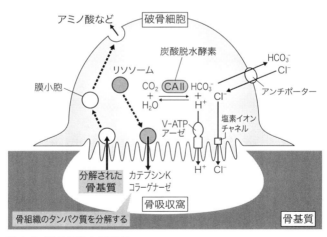

図 8-6　破骨細胞と骨吸収

ン（HCO_3^-）が生成します。この水素イオンを骨に面した細胞膜にある V-ATP アーゼが骨組織の方向に分泌します。HCO_3^- はアンチポーターによって骨と反対側に出され、交換に塩素イオン（Cl^-）が細胞内に供給されます。さらに、骨に面した膜にある塩素イオンチャネルから Cl^- が骨の側へと分泌されます。このようにして、骨吸収窩の内部は酸性になり、骨組織のリン酸カルシウムが分解できるようになります。同時に破骨細胞が分泌した、カテプシン K、コラーゲナーゼなどが骨組織のタンパク質を分解します。V-ATP アーゼは骨吸収する環境を整えているのです。

破骨細胞から骨吸収窩に水素イオンを分泌しているのは、どんな V-ATP アーゼでしょうか。a サブユニットの 4 種のイソフォームのうちで、骨に面している細胞膜だけに a3 をサブユニットとする V-ATP アーゼがあり、反対側の細胞膜にはありませんでした。この結果は破骨細胞ができる過程の研究へと発展しました。

完成した骨吸収窩では、骨基質のタンパク質が分解され、できたアミノ酸は細胞膜から内部に取り込まれ、反対側の細胞膜から血管側に分泌されます。同時に骨の主成分であるリン酸カルシウムが溶かされます。次に骨吸収窩では骨芽細胞によって新たな骨形成が始まります。このように V-ATP アーゼは骨の代謝の基本を担っています。a3 イソフォームをもつ V-ATP アーゼがないと、骨吸収は起こりませんでした。

エキソサイトーシスやエンドサイトーシス、さらに細胞膜機能の変換などのメカニズムを見てきました。いずれに

もV-ATPアーゼそのものと、形成される酸性の環境が大きくかかわっていることが、わかりました。このような研究をさらに掘り下げていくと、細胞の分化やオルガネラの移動のメカニズムなどに関して、興味ある結果が得られると期待できます。

第9章
生物エネルギー研究から医療へ

　生命を支えるエネルギーとその中心にあるATPについて、研究成果を述べてきました。最後の章では、これらの研究が応用科学や実用の現場に結びついた例についてまとめ、さらに、有用な化合物が得られる可能性などを考えましょう。

1 応用科学のなかの生物エネルギー

　生物エネルギーの研究は、応用や実用にどのように結びついたのでしょうか。創薬や医療に応用できた結果を復習し、新しい可能性を考えましょう。「生物エネルギーの研究の対象とその応用」として、表にまとめました（表9-1）——グルコースの細胞内への輸送からATP合成、イオンの輸送については第4章で、イオン輸送とP-ATPアーゼについては第6章で応用科学としての方向性を考えました。第9章では、これらについてまとめ、加えてV-ATPアーゼと応用について考えます。

表9-1　生物エネルギーの研究の対象とその応用

研究の対象（ターゲット）	応用（実例、可能性）	参照
グルコースの取り込みからATPの合成まで	ガン組織の画像化、感染症、除草剤	第4章
イオン輸送とP-ATPアーゼ	心筋症、胃潰瘍	第6章
オルガネラ、細胞膜とV-ATPアーゼ	創薬の可能性 　骨粗鬆症、感染症、 　ガン細胞の転移阻止	第9章

ATP合成とガン組織の画像化

　グルコースが細胞内に取り込まれてから、ATPがつくられるところまでの応用として、ガン組織を見えるように画像化する診断薬、感染症の治療薬などについて述べました（第4章）。ガン細胞は多量のグルコースを取り込みます。

組織のなかでガン細胞を見えるように(画像化)するためには、グルコースに似ていて、トランスポーターによって取り込まれますが、代謝されない化合物(フルオロ・デオキシグルコース、図4-2)が使われます。PETとよばれる診断法として実用化されています。細胞内への取り込み、その後の解糖系から電子伝達に至る代謝、ATPがつくられる反応に関する理解、などが応用に結びついています。同じような性質をもつグルコースに似た化合物(デオキシグルコース、図4-3)がガン細胞の生育を阻害する例についても指摘しました。

　ガン細胞の細胞膜に大量にある他のトランスポーターも画像化に使えます。その一つがアミノ酸トランスポーター(LAT1)です。LATはLarge Neutral Amino Acid Transporterの略で、側鎖にアミノ基やカルボキシル基のない大きな残基をもつアミノ酸——中性アミノ酸とよばれるアミノ酸——を輸送するトランスポーターです。ガン細胞の画像化に用いられるのは、トランスポーターが輸送しますが細胞内で代謝されないので蓄積するアミノ酸の一種です。代謝されない化合物を使ったのは、フルオロ・デオキシグルコースと同じアイデアです。いろいろなガン細胞のトランスポーターの研究がさらに進むことによって、ガン細胞の性質まで診断ができる可能性もあるでしょう。

「細胞内に入ったグルコースから、ATP合成に至るメカニズム」は、細菌や微生物からヒトまでよく似ています。そこで、このメカニズムの中で感染症のクスリを見つけるのは難しいと考えられてきました。つまり、細菌や微生物のATP合成を阻害する化合物を見つけても、ヒトの

ATP合成も阻害してしまい、毒性が強くなり、クスリにならない可能性が高いのです。

しかし、細菌や微生物だけに特異的に阻害する化合物を探す努力は多くの研究者が行っており、膨大な化合物が調べられています。その成功の一つとして、多剤耐性の結核菌に有効なベダキリン（商品名：ベダキリン・フマル酸塩）という化合物がクスリになったことがあげられます。このことを考えると、有効な化合物を見つける努力は、今後も続けられるべきでしょう。

カビのつくる環状ペプチドなどが植物の葉緑体の電子伝達やATP合成を阻害することから、全く別の応用（除草剤など）も期待されます。

●◯●・イオン輸送とクスリの作用メカニズム

生物が最も多くのATPを使う基本的なメカニズムはイオン輸送であり、イオンを輸送するATPアーゼが大きく3種類あることを述べました——3つのATPアーゼ・ファミリーがあるといってもよいでしょう（第5章）。そのうちの1つ P-ATPアーゼ——イオンを輸送する過程でATPを使って自分自身をリン酸化する酵素——については、ナトリウム・カリウムポンプを阻害するジギトキシン（商品名、ジギトキシン錠）が心筋症の治療に効果を示すメカニズムを述べました。ジギタリスの葉の成分がここまで治療薬として発展したことを考えると、生物エネルギーのクスリへの応用を考える上で、植物は手放すことのできない化合物の宝庫でしょう。

胃潰瘍や逆流性食道炎のクスリとして開発されたオメプ

ラゾール（商品名：オメプラゾール錠、オメプラゾン錠）は、胃酸に接すると化学構造を変え、水素イオンポンプの細胞外に出ている部分に結合します。これによってポンプは水素イオンを細胞の外に分泌しなくなり、胃の内部の酸性が抑えられる効果があります。

ジギトキシンやオメプラゾールはいずれも細胞の外からターゲットに結合する、オメプラゾールは作用する場所で構造を変えて初めてクスリになる——などの作用メカニズムは、クスリをつくる上で重要なアイデアとなりました。さらに構造生物学の進歩によって（第5章）、P-ATPアーゼの立体構造から、作用させる場所を考えて、化合物（クスリ）を設計することも可能になりました。

2 オルガネラと V-ATP アーゼ

●●● 医薬への応用が期待される、ユニークな V-ATP アーゼ

細胞質に広がる細胞内膜系にある V-ATP アーゼについては、ATP 合成酵素と共通の先祖からできたこと、オルガネラの機能との結びつき、遺伝病などについて述べてきました。第9章では ATP 合成とイオン輸送に続いて V-ATP アーゼと応用について考えましょう（表9-1）。

V-ATP アーゼについて、私たちの知っているユニークな点をまとめました（表9-2）。この表からわかる特徴は「多様性」です。いろいろな細胞の機能に結びついていること、たくさんのサブユニットからできていること、サブユニットにイソフォームがあること、などです（第7章、第8章）。ここに、多くの応用へのアイデアが隠されてい

表9-2　多様なV-ATPアーゼ

多様な水素イオンポンプ（第7章）
たくさんのサブユニットからなるタンパク質機械 　ATP合成酵素と同じ祖先タンパク質
細胞膜からオルガネラまで（第8章）
サブユニット・イソフォームで機能や居場所の変化 　分化した細胞機能との結びつき
研究対象と応用へ（第9章、表9-1）

ると思います。それではV-ATPアーゼをターゲットとする応用を考えましょう。

　ATPのエネルギーを使って水素イオンを輸送し、細胞内外に酸性の環境をつくっているV-ATPアーゼは、広く生物がもっている普遍的な酵素です。つまり生物の進化を通じて保存されてきた基本的な酵素であると考えられ、酵母、植物、動物が共通してもっています。

　進化の過程でV-ATPアーゼは構造だけではなく、機能も保存されてきました。たとえば、V1部分のサブユニットの遺伝子を欠失させた酵母には、V-ATPアーゼの機能がなくなりますが、マウスの対応するサブユニットの遺伝子を入れると機能が回復します。V-ATPアーゼのサブユニットには、生物種を超えてよく似ているので、互換性があるといえます。この互換性によって、ヒトのV-ATPアーゼの研究を、酵母で行うこともできます。

　しかし、互換性があるとはいっても、改めて酵母とヒトの一次構造（アミノ酸配列）を並べてみると、かなり違う

ことがわかります。たとえば、ヒトのaサブユニットの4つのイソフォームと酵母のサブユニットを並べて比較すると、約30パーセントが同じアミノ酸です。逆にいえば、70パーセントのアミノ酸は異なっているのです。さらに、酵母のV-ATPアーゼはヒトのものほど多様ではありません。酵母では、イソフォームがあるのは、aサブユニットにある2つだけです。

この違いを考えると、酵母の生育に必要なV-ATPアーゼだけを阻害し、ヒトには作用しない化合物の発見につながるでしょう。そのような化合物は、酵母や真菌の感染症などのクスリになる可能性があります（表9-1）。

●●● 細胞膜とガン細胞

V-ATPアーゼの多様性の一つは存在する場所です。V-ATPアーゼは細胞質にあるオルガネラの膜にある酵素ですが、細胞によっては細胞膜の酵素にもなって、細胞の外に水素イオンを分泌します。

細胞の外が酸性になることは、ガン細胞が転移しやすい条件になるといわれています（第8章参照）。阻害剤バフィロマイシンは、V-ATPアーゼのaサブユニットとcサブユニットの膜に埋まっている部分に結合し、また抗体は細胞外に出ている部分に作用し、転移を阻害すると考えられています。バフィロマイシンと抗体のどちらも、ガン細胞の外から酵素の細胞膜部分に結合することによって、水素イオンの分泌を阻害します。これによって、転移に有利な条件はなくなります。まだ試験管の中での研究ですが、転移を阻止するクスリの開発につながる可能性があります。

ガン細胞の活動による異常な酸性の組織を画像として、はっきりと目に見えるようにすることは早期発見と診断につながります。pH 指示薬を細胞の外にとどまるように改良し、組織を染めるような工夫が期待されます。

●●● 骨が硬くなる大理石病

　ガン細胞の細胞膜について考えてきましたが、骨組織の破骨細胞の細胞膜にも V-ATP アーゼがあります。すでに述べましたが、私たちの骨（骨組織）では、骨芽細胞による骨の形成と破骨細胞による骨吸収のバランスが保たれていて、骨は適度の硬さと弾性をもっています。これが崩れると重篤な疾患となります。

　骨吸収にかかわる V-ATP アーゼや塩素イオンの通り道（チャネル）が欠失すると水素イオンや塩素イオンを輸送できなくなります。骨吸収ができなくなり、骨が異常になる大理石病という遺伝病があります。この病気では、骨密度が異常に高く大理石のように硬くなり脆く骨折しやすくなります。ヒトの大理石病の約 50 パーセントは V-ATP アーゼの a3 サブユニット遺伝子の変異が原因とされています。確かに、a3 遺伝子を欠失したマウスでも大理石病の症状を示します。

　大理石病を対象とした創薬は簡単ではなさそうです。破骨細胞の細胞膜の V-ATP アーゼの機能を上げられないかと考えるのですが、V-ATP アーゼを細胞膜にもってくるメカニズムのくわしい研究が必要でしょう。a3 以外のイソフォーム（a1、a2、a4）をもつ V-ATP アーゼはどうして細胞膜に来ないか、細胞膜で機能させることができない

か、などの疑問に答える多くの研究が必要でしょう。

●●● 骨が脆くなる骨粗鬆症

破骨細胞は正常であっても、骨芽細胞の機能が低下する、あるいは、骨芽細胞は正常であっても破骨細胞の機能が異常に高くなる――これによって、いずれも平衡が崩れ骨吸収が進みます。大理石病とは反対に、骨がぼろぼろになる骨粗鬆症を引き起こすことになります。

骨粗鬆症の治療には、カルシウム製剤によって骨組織にカルシウムを補給する、ビタミンD受容体を刺激し、カルシウム吸収を促進させる、ホルモン（エストロゲン）により骨吸収を遅らせるなどが行われていますが、どれも原因となる骨芽細胞や破骨細胞に直接作用するクスリではありません。

もっと直接的に、たとえば破骨細胞による骨吸収を低下させることができないでしょうか。考えられるのは、細胞膜のV-ATPアーゼのa3イソフォームに細胞の外から特異的に結合し阻害する化合物を開発することでしょう。これができれば、骨粗鬆症の直接的な治療法も夢ではありません。水素イオンと同時に塩素イオンが破骨細胞の外へ輸送されますが、塩素イオンの通るチャネルもターゲットになるでしょう。

ナトリウム・カリウムポンプや水素イオンポンプの阻害剤のように、細胞の外からV-ATPアーゼを阻害するクスリを見つけられるでしょうか。バフィロマイシンが細胞膜内に入り阻害することを考えると、不可能ではないでしょう。

また、破骨細胞で水素イオンをつくり出しているカーボニック・アンヒドラーゼ（炭酸脱水酵素）もターゲットになります。この酵素は水素イオンポンプのところで出てきましたが、二酸化炭素（CO_2）と水（H_2O）から重炭酸イオン（HCO_3^-）と水素イオン（H^+）をつくる酵素です（第5章）。ですから、この酵素を阻害すると、細胞の外へ出てくる水素イオンは減少すると考えられるからです。
　破骨細胞に特異的なものを求めて、実際にV-ATPアーゼを阻害する化合物を探す努力が続けられています。
　また、破骨細胞ができる過程では、リソソームが細胞膜まで運搬されます。次にリソソームは細胞膜に融合し、V-ATPアーゼが細胞膜の水素イオンポンプになります。リソソームの移動には、a3イソフォームをもつV-ATPアーゼが必要です。破骨細胞ができる過程をくわしく研究し、阻害する物質を検討することも骨粗鬆症のクスリにつながります。

●◐◑● シナプスの周辺とアルツハイマー型認知症

　神経細胞の終末ではV-ATPアーゼとトランスポーターがシナプスの機能を支えています。神経の伝達に関与する、アドレナリン、セロトニン、アセチルコリン、グルタミン酸などに対応して、たくさんのトランスポーターがあります。
　たとえば、アセチルコリンでは、V-ATPアーゼがシナプス小胞の内部に輸送した水素イオンとの逆輸送によって——トランスポーターが水素イオンを外へ出し、アセチルコリンを小胞の中に入れます。この小胞が神経細胞の細胞

膜と融合し、伝達物質が細胞外（シナプス間隙）に出されるのが、神経の化学伝達の始まりです（第8章、図8-4）。

ここまでの過程に作用する化合物として、アセチルコリンのトランスポーターの阻害剤、シナプス小胞のタンパク質に結合する化合物（抗てんかん薬として使われている）などが知られています。

シナプス間隙に出されたアセチルコリンは細胞の受容体に結合し、神経の伝達が行われます。同時に、アセチルコリン・エステラーゼという酵素によって酢酸とコリンに加水分解されます。生成したコリンは細胞膜にあるトランスポーターによって神経細胞に回収されますが、この過程の阻害剤も知られています。

アルツハイマー型認知症では記憶や思考にかかわるアセチルコリンを伝達物質とする神経系のはたらきが悪くなっています。この認知症の進行を抑制するために処方されるドネペジル（商品名、アリセプト錠）はアセチルコリン・エステラーゼを阻害するので、アセチルコリンの分解ができなくなります。シナプス間隙ではアセチルコリンの濃度が適度に上がり、神経活動が高まるのです。

各種の伝達物質は、「シナプス小胞への取り込み→シナプス小胞と細胞膜の融合→シナプス間隙への放出→標的細胞の受容体への結合→神経細胞への回収」のようにして、神経の伝達に関与します。それぞれのステップに関与するトランスポーターやV-ATPアーゼはクスリを開発する重要なターゲットになるでしょう。

3　生命を動かすエネルギー

　私たちが生きるためのエネルギーを見つめ、ATP合成酵素、P-ATPアーゼ、V-ATPアーゼ、イオン輸送、トランスポーター、酸性オルガネラなどの、ふだんは意識しない酵素や化学反応についての基礎研究とその応用を述べてきました。生物エネルギー（ATP）が生み出され、使われる過程を明らかにすることは、生命がどのように維持され、繰り返され、進化してきたのかを知ることにつながります。そして、応用や実用につながるアイデアが、たくさん隠れているのです。

　エネルギーは、「どのようにして生命（いのち）を支え、動かしているのでしょうか」そして、「どのようにして、生きている機械を動かすのでしょうか」。

　" How does energy drive life? "
　" How does it move living machine? "

　これはバイオエナジェティックス（生物エネルギー学）が解決するべき疑問として、セント＝ジェルジが述べた言葉です。セント＝ジェルジは第5章で出てきましたが、古典的な筋肉の研究者で、基本的なメカニズムを明らかにしました。バイオエナジェティックスという言葉をつくった科学者として有名です。

　本書は、生物エネルギーの疑問に答えようとした研究、そして明らかにされてきた知識をまとめたものです。さらに本質に迫るべく、基礎科学と応用科学の両方の視点から、生物エネルギーの研究が進められています。

おわりに

　生物がエネルギーを生産して、生命を維持している姿を見てきました。太陽の光のエネルギーの変換から始まり、私たちの細胞に至る壮大なドラマ（物語）でした。生物のエネルギーに関する疑問を明らかにする研究から、私たちが想像もしなかったようなタンパク質と新しいメカニズムが発見されました。水素イオンとATP合成酵素、トランスポーター、たくさんのATPを消費するイオンポンプ、細胞内輸送や膜構造の変換など、エネルギーがかかわる細胞のカラクリに、おもしろさを感じていただけたでしょうか。

　科学は疑問（question）から始まります。研究者は重要な疑問は何か、どのように明らかにしていくかを徹底的に考えます。日本を代表するマンガ家である手塚治虫が「マンガの良し悪しは、最初に考えた「案」あるいはアイデアで決まる。絵だけ描けても、アイデアがよくなければ、マンガとしてのおもしろさがない」と言っていました。手塚の言葉は、研究の「良し悪し」に通じます。科学では、アイデア（案）は重要な疑問を見つけて、答えるまでの橋渡しです。優れたアイデアによって疑問が解決して、あるいは想像もしていなかった答えが返ってきて、科学は発展してきました。

　コーネル大学に博士研究員として在籍していたときですが、所属する研究室を超えて研究上の疑問を徹底的に議論する会が毎週土曜日のお昼にありました。発表者も議題も決まっていないインフォーマルな会でした。誰かが、「困っ

た、どうしたらよいか」「これが本質的な疑問だろうか」など、話題を提供します。「最も素朴な疑問から解決しなければいけない」「このようなアイデアで進めたらどうか」「いや、それでは問題は解決しない」「そんなアイデアは古いよ」──など歯に衣着せぬ激しい議論でした。議論が終わると話題を提供した研究者だけでなく、参加者が、"That is a very interesting approach." とか "That is a million dollar question." などと、納得してそれぞれの研究室に戻って行きました。科学における議論（討論）の重要性を学びました。ミリオンダラー・クエスチョン（100万ドルの疑問）という表現はいかにもアメリカ的ですが、「エネルギーのドラマ」も多くの研究者が議論し、これこそ重要な疑問だと思って解決してきた成果が積み重なってできたものです。1、2行で書いた発見も、研究者たちが人生をかけてきたものです。

　生命科学の研究の流れを見ると、基礎と応用そして実用が絡み合うようにして発展したことがわかります。エネルギー物語のなかには、基礎的なメカニズムと同時にクスリや医療が出てきました。生物のエネルギーの研究者エフレイム・ラッカー（E. Racker）が何度か登場しましたが、彼は精神医学の研究を目指していました。しかし、精神疾患の解明には、脳のエネルギー代謝を明らかにしなければいけない、という信念から研究を始め、生物エネルギー研究の先駆者になりました。

　歴史が語っているのは、実用的な要請から始まった科学も、突き詰めていくと本質に近くなる。基礎的な原理を明

らかにしなければ先に行けなくなる。さらに進むと、世界観にかかわるような基礎科学に発展する。逆に、役に立つことを全く考えない、生命に対する素朴な疑問から始まった研究が、数十年後に実用的な技術となり、社会に貢献することもあります。1960〜70年代に盛んだった大腸菌の遺伝学が、現代のヒトの遺伝病解析や医療にまで発展したことからもわかっていただけるでしょう。

　素朴な疑問から始まる基礎的な科学と応用そして実用を目指す科学を、バランスよく社会が育てていくことを期待して、エネルギー物語を終えたいと思います。

　本書には私たちの研究室の成果も引用しました。実際に研究に参画された、土屋友房、三木佳子、能見貴人、千田一貴、森山芳則、花田裕典、竹山道康、表弘志、田村茂彦、岩本（木原）昌子、岡敏彦、三本木至宏、關谷瑞樹、松元奈緒美、田村文惠、三木順詞、惠谷誠司、萱野暁明、馬淵和範、八重裕道、塩田（新谷）澄子、平野みどり、谷合まどか、荒木富士子、西尾和晃、伊香祐子、田部幹雄、中村徳弘、井田健二、斉田祐治、稲富健一、九鬼理宏、曽我令、長谷部真久、新光一郎、山田浩司、村上秀昭、山本隆治、東雅之、猪原直弘、西毅、川崎晶子、石崎順、村田佳子、豊村隆男、大志万浩一、吉水孝緒、平田智之、若林篤光、林和洋、細川浩之、柏木幸子、許世元、朴美連、王暁輝、Catherine Jeanteur、Nga Phi Le、Teuta Pilizota、Richard Berry、Robert K. Nakamoto、Vladimir Marshansky、Haruko Okamoto-Terry の諸氏に感謝します。これらの成果に至った、金澤浩、前田正知、和田洋、

おわりに

和田戈虹、中西真弓の諸氏との共同研究は素晴らしいものでした。改めて感謝致します。本文で敬称を省略したのは、英文の総説や論文に準じています。御容赦下さい。

本書の性質上、個々の文献は引用していませんが、必要な方は各種の検索サイトやデーターベースから原著を見ていただけると思います。また、私たちの編著『Handbook of ATPases』および『薬学教室へようこそ』(ブルーバックス)、さらに拙著『薬学と生物学の狭間に』、などにも本書の内容を補う部分があります。

生物エネルギーの研究現場で接した驚きや味わった感動とともに、「エネルギー物語」を書き始めて4年余りが過ぎました。本書が形になるまでには、講談社の小澤久氏には編集の労を取っていただきました。また、フリーランスの編集者・ライターである大木勇人氏には大変に御世話になりました。本書が難しい専門書にならなかったのは大木氏の御尽力であり、心から感謝致します。

2017年　秋
二井將光

参考文献

1. 松田誠「牧野堅によるＡＴＰの構造解明」『東京慈恵会医科大学雑誌』125、239-248、2010
2. 丸山工作『約束されぬ地の眺め』学会出版センター、2000
3. 丸山工作『筋肉のなぞ』岩波書店、1980
4. 二井將光『薬学教室へようこそ』講談社ブルーバックス、2015
5. セント・ジェルジ（服部勉訳）『生体とエネルギー』みすず書房、1958
6. E. Racker, *A New Look at Mechanisms in Bioenergetics*, Academic Press, New York and London, 1976.
7. 山科郁男（監修）『レーニンジャーの新生化学（上・下）』廣川書店、2007
8. J. P. Abrahams, A. G. Leslie, R. Lutter, J. E. Walker, Structure at 2.8Å resolution of F1-ATPase from bovine heart mitochondria, *Nature* 370, 621-628, 1994.
9. H. Noji, R. Yasuda, M. Yoshida, K. Kinosita, Jr., Direct observation of the rotation of F1-ATPase, *Nature* 386, 299-302, 1997.
10. Y. Sambongi, Y. Iko, M. Tanabe, H. Omote, A. Iwamoto-Kihara, I. Ueda, T. Yanagida, Y. Wada, M. Futai, Mechanical rotation of the c subunit oligomer in ＡＴＰ synthase (FoF1): Direct observation. *Science* 286, 1722-1724, 1999.
11. 二井將光、三本木至宏、和田 洋「ATP合成酵素（ATPをつくるナノマシーン）とプロトンポンプATPase」『新世紀における蛋白質科学の進展』（中村春木ら編）、2001
12. M. Futai, Y. Wada, and J. H. Kaplan (eds.), *Handbook of ATPases: Biochemistry, Cell Biology, Pathophysiology*, Wiley-VCH Verlag GmbH, 2004.
13. M. Nakanishi-Matsui, M. Sekiya, M. Futai, ATP synthase from *Escherichia coli:* Mechanism of rotational catalysis, and inhibition with the ε subunit and phytopolyphenols. *Biochim. Biophys. Acta* 1857, 129-140, 2016.
14. 前田正知「胃粘膜プロトンポンプ遺伝子と転写調節」『薬学雑誌』116, 91-105、1996
15. 和田洋、孫戈虹、二井將光「高等生物の多彩な分化形質を支えるエンドソーム・リソソーム」『細胞内輸送研究の最前線』（中野、今本、藤木編）『実験医学』21、162-167、2003
16. R. Kanai, H. Ogawa, B. Vilsen, F. Cornelius, C. Toyoshima, Crystal structure of a Na^+-bound Na^+, K^+-ATPase preceding the E1P state, *Nature* 502, 201-206, 2013.

さくいん

〈アルファベット〉

A_3B_3 複合体	180
ADP	17
AMP	88
ATP	16, 32
ATP/ADP アンチポーター	125
ATP/ADP 交換トランスポーター	64
ATP アーゼ	73
ATP アーゼ阻害タンパク質	121
ATP 合成酵素	56, 77, 91, 103, 174
ATP 合成酵素の遺伝子	84
ATP 合成酵素の回転	102
AQP2	201
a サブユニット	85, 92
A サブユニット	175
b サブユニット	85
c サブユニット	100, 172
F1	81
F-ATP アーゼ	134
$FADH_2$	51
Fe^{3+}	23, 190
Fo	81
LAT1	209
LDL	187
LDL 受容体欠損症	189
NADH	25, 51
NADPH	23, 25, 26
P-ATP アーゼ	133, 134, 136
pH	58, 113
pH 指示薬	167
V-ATP アーゼ	134, 168, 170, 174, 178, 202, 211
$\alpha_3 \beta_3 \gamma$	94, 97
α ヘリックス	76
β サブユニット	86, 175
β シート	76
$\gamma \varepsilon c_{10}$	105
γ サブユニット	97, 100

〈あ〉

アイソフォーム	142
アクアポリン	201
悪玉コレステロール	170, 187
アクチン	129, 130, 131
アセチルコリン	146, 194
アセチルコリン・エステラーゼ	196, 217
アデニル酸	37, 38, 88
アデニル酸キナーゼ	88
アデノシン 2 リン酸	17, 36
アデノシン 3 リン酸	16, 32
アトラクチロシド	125
アミノ酸	73
アミノ酸トランスポーター	209
アミノ末端	74

〈あ〉

アリセプト	217
アルコール発酵	68
アルツハイマー型認知症	217
暗反応	23, 28
安楽泰宏（人名）	170

〈い〉

胃潰瘍	159
胃酸分泌	150
イソフォーム	142, 178, 179
一次構造	74, 85
インスリン	44, 197, 199

〈う〉

ウアバイン	157
ウィット（人名）	60
ウィルソン病	156
ウォーカー（人名）	84, 89, 95, 138
ウォーレン（人名）	163

〈え〉

エキソサイトーシス	185, 193
エネルギー通貨	32, 36
エネルギー変換	15
エネルギーを「保持する」	16
塩酸分泌	149
塩素イオン	190
塩素イオンチャネル	205
エンドサイトーシス	184, 188, 190
エンドソーム	166, 188

〈お〉

オメプラゾール	160, 210
オリゴマイシン	71
オルガネラ	19, 166, 211

〈か〉

カーボニック・アンヒドラーゼ	148, 149, 216
介在細胞	202
回転する部分	102, 105, 176
解糖系	45, 46, 117
外膜	20, 49, 107
化学浸透圧説	55, 57
化学説	54
香川靖雄（人名）	72, 79, 101
鍵と鍵穴	90
カテプシンK	205
金澤浩（人名）	84
鎌状赤血球貧血	116
ガラクトース	40, 41
カリウムイオン	43, 137, 143
カリウムチャネル	145
カルシウムATPアーゼ	138
カルシウムイオン	139
カルシウムチャネル	145
カルビン回路	29
カルボキシル末端	74
還元剤	24
ガン細胞	117, 202, 203, 208, 213

〈き〉

基質レベルのリン酸化	48
キネシン	131, 133
木下一彦（人名）	101
逆輸送	67
共通のアミノ酸配列	87
共輸送	42, 67
筋肉	38, 117, 144
筋肉細胞	123

〈く〉

クエン酸回路	45, 49, 50
グリコーゲン	199
グリセルアルデヒド-3-リン酸	29
グルコース	18, 22, 29, 46
グルコース・トランスポーター	40, 42, 199
グルタミン酸	146, 194
クレブス（人名）	50
クロロフィル	26

〈け〉

蛍光試薬	66
蛍光タンパク質	102
血糖値	44

〈こ〉

高エネルギー・リン酸結合	17, 34
光化学系	26
光合成	19
高脂血症	189
酵素	77
高速回転	104
高度好熱菌	79
酵母	171
光リン酸化	54
呼吸鎖	51
コシュランド（人名）	91
骨芽細胞	204
骨吸収窩	204
骨組織	204
骨粗鬆症	215
小林六造（人名）	162
コラーゲナーゼ	205
コリン	196, 217
ゴルジ装置	166
コレステロール	22, 187, 188

〈さ〉

細胞小器官	19
細菌の運動	65
細胞内小器官	19
細胞内膜系	167
サバロウ（人名）	38
サブユニット	77, 178
サブユニットの回転	92
酸化還元反応	23, 155
酸化剤	24
酸化的リン酸化	54
三次構造	76
酸素	27, 30

〈し〉

シアン	120
ジギタリス	157
ジギトキシン	157, 158, 210
軸索	144, 145, 196
シグナル配列	107, 108
脂質異常症	189
実験ノート	39
シート	76
シナプス	194
シナプス間隙	146, 196
ジニトロフェノール	121
シメチジン	161
重金属輸送 P-ATP アーゼ	156
重炭酸イオン	150
受精卵	172, 179
小胞輸送	170, 185, 193
触媒部位	87, 90, 93, 94
心筋症	123
神経伝達物質	194

〈す〉

水素イオン	25, 27, 33, 99
スコウ（人名）	137
ストライヤー（人名）	57
ストローマ	19
スレオニン	89

〈せ・そ〉

赤血球	112, 113, 115
セロトニン	194
線虫	171
セント＝ジェルジ（人名）	128, 218
側鎖	73
孫戈虹（人名）	178

〈た〉

大理石病	214
多様性	211
炭酸固定	29
炭酸脱水酵素	148, 204, 216
タンパク質	73
タンパク質機械	100
タンパク質分解酵素	197
タンパク質輸送装置	107, 108

〈ち・て〉

チャネル	108, 145, 190, 205, 214
チューブリン	131
チラコイド	19, 56, 61
停止と回転	105
低密度リポタンパク質	187
デオキシグルコース	119
デューブ（人名）	169
電子	23, 25, 27, 155
電子伝達	45, 51, 52

〈と〉

銅イオン ATP アーゼ遺伝子	156
銅蓄積症	156
糖尿病	44
毒素タンパク質	191

突然変異	82	バソプレシン	201
ド・デューブ（人名）	169	発酵	68
ドネペジル	217	ハーバード大学	39
豊島近（人名）	140	バフィロマイシン	190, 192, 198, 213
トランスフェリン	190		
トランスポーター	40, 209		

〈な〉

内膜	20, 49, 52, 107
中西真弓（人名）	104
ナトリウムイオン	41, 137
ナトリウム・カリウムポンプ	43, 137, 141, 143, 146
ナトリウム・カルシウムアンチポーター	158
ナトリウムチャネル	145

〈に・ね・の〉

二酸化炭素	29, 114
二次構造	75, 76, 85
乳酸	68
熱力学の第一法則	16
ネルソン（人名）	170
野地博行（人名）	101
ノックアウト・マウス	172

〈は〉

バイオエナジェティックス	218
肺サーファクタント	181
バクテリオロドプシン	61, 63
破骨細胞	204

〈ひ〉

光のエネルギー	23
ヒスタミン	161, 201
ビタミンD受容体	215
被覆小胞	166
微量金属	154
ピルビン酸	46, 50, 63
ピロリ菌	162, 163

〈ふ〉

ファクター・オー	71
ファクター・ワン	70, 71, 80
フィスケ（人名）	38
フィッシャー（人名）	90
複合体	52
複合体Ⅳ	155
ブドウ糖	18, 22, 39
フルオロ・デオキシグルコース	118
フルクトース	40, 43
分泌小胞	166, 197

〈へ〉

壁細胞	147, 148
ベダキリン	124

ペプチド結合	74
ヘモグロビン	112, 113
ヘモグロビンの変異	115
鞭毛	65

〈ほ〉

ボイヤー（人名）	92, 138
保存配列	88,
ポリフェノール	97, 123
ボンクレキン酸	125

〈ま〉

マイヤーホフ（人名）	37
前田正知（人名）	151
牧野堅（人名）	38
膜透過型輸送	107
マーシャル（人名）	163
マラリア原虫	116
丸山工作（人名）	39

〈み・め・も〉

ミオシン	129, 130, 131, 133
ミッチェル（人名）	55
ミトコンドリア	21, 45, 49, 51, 56, 70, 120, 166
メンケス病	156
モータータンパク質	130, 132

〈や・ゆ・よ〉

ヤーゲンドルフ（人名）	57, 59

誘導適合モデル	91
有毛細胞	202
輸送タンパク質	40
葉緑体	19
四次構造	77

〈ら〉

ライソソーム	170
ラッカー（人名）	62, 70

〈り〉

リジン	88
リソソーム	166, 169
立体構造	89, 113, 115
リン酸	17, 32, 36, 64
リン酸化	134, 152
リン酸結合ループ	89
リン脂質	20, 21, 136

〈る・ろ〉

ルビスコ	29
ロテノン	120
ローマン（人名）	37

〈わ〉

ワールブルク（人名）	23

N.D.C.460　　230p　　18cm

ブルーバックス　B-2029

生命を支えるATPエネルギー
メカニズムから医療への応用まで

2017年 9 月20日　　第 1 刷発行
2023年 1 月20日　　第 5 刷発行

著者	二井將光（ふたい まさみつ）	
発行者	鈴木章一	
発行所	株式会社講談社	
	〒112-8001　東京都文京区音羽2-12-21	
電話	出版	03-5395-3524
	販売	03-5395-4415
	業務	03-5395-3615
印刷所	（本文印刷）株式会社KPSプロダクツ	
	（カバー表紙印刷）信毎書籍印刷株式会社	
製本所	株式会社国宝社	

定価はカバーに表示してあります。
©二井將光　2017, Printed in Japan
落丁本・乱丁本は購入書店名を明記のうえ、小社業務宛にお送りください。送料小社負担にてお取替えします。なお、この本についてのお問い合わせは、ブルーバックス宛にお願いいたします。
本書のコピー、スキャン、デジタル化等の無断複製は著作権法上での例外を除き禁じられています。本書を代行業者等の第三者に依頼してスキャンやデジタル化することはたとえ個人や家庭内の利用でも著作権法違反です。
®〈日本複製権センター委託出版物〉複写を希望される場合は、日本複製権センター（電話03-6809-1281）にご連絡ください。

ISBN978-4-06-502029-6

発刊のことば

科学をあなたのポケットに

二十世紀最大の特色は、それが科学時代であるということです。科学は日に日に進歩を続け、止まるところを知りません。ひと昔前の夢物語もどんどん現実化しており、今やわれわれの生活のすべてが、科学によってゆり動かされているといっても過言ではないでしょう。

そのような背景を考えれば、学者や学生はもちろん、産業人も、セールスマンも、ジャーナリストも、家庭の主婦も、みんなが科学を知らなければ、時代の流れに逆らうことになるでしょう。ブルーバックス発刊の意義と必然性はそこにあります。このシリーズは読む人に科学的に物を考える習慣と、科学的に物を見る目を養っていただくことを最大の目標にしています。そのためには、単に原理や法則の解説に終始するのではなくて、政治や経済など、社会科学や人文科学にも関連させて、広い視野から問題を追究していきます。科学はむずかしいという先入観を改める表現と構成、それも類書にないブルーバックスの特色であると信じます。

一九六三年九月

野間省一

ブルーバックス　生物学関係書 (I)

番号	タイトル	著者
1647	へんな虫はすごい虫	安富和男
1637	考える血管	児玉龍彦/浜窪隆雄
1626	食べ物としての動物たち	伊藤宏
1612	新しい発生生物学	木下圭/浅島誠
1592	ミトコンドリア・ミステリー	林純一
1565	筋肉はふしぎ	杉晴夫
1538	味のなんでも小事典	日本味と匂学会編
1537	クイズ 植物入門	田中修
1528	新しい高校生物の教科書	栃内新 編著/左巻健男
1507	新・細胞を読む	山科正平
1474	「退化」の進化学	犬塚則久
1473	進化しすぎた脳	池谷裕二
1472	これでナットク！ 植物の謎	日本植物生理学会編
1439	DNA（下）	ジェームス・D・ワトソン/アンドリュー・ベリー 青木薫訳
1427	DNA（上）	ジェームス・D・ワトソン/アンドリュー・ベリー 青木薫訳
1410	発展コラム式 中学理科の教科書 第2分野（生物・地球・宇宙）	滝川洋二 編
1391	光合成とはなにか	園池公毅
1341	進化から見た病気	栃内新
1176	分子進化のほぼ中立説	太田朋子
1073	インフルエンザ パンデミック	河岡義裕/堀本研子

番号	タイトル	著者
1853	図解 内臓の進化	岩堀修明
1849	死なないやつら	長沼毅
1844	分子からみた生物進化	宮田隆
1843	記憶のしくみ（下）	ラリー・R・スクワイア/エリック・R・カンデル 小西史朗/桐野豊 監修
1842	記憶のしくみ（上）	ラリー・R・スクワイア/エリック・R・カンデル 小西史朗/桐野豊 監修
1829	これでナットク！植物の謎Part2	日本植物生理学会編
1821	エピゲノムと生命	太田邦史
1801	新しいウイルス入門	武村政春
1800	ゲノムが語る生命像	本庶佑
1792	二重らせん	ジェームス・D・ワトソン 江上不二夫/中村桂子 訳
1730	たんぱく質入門	武村政春
1727	iPS細胞とはなにか	朝日新聞大阪本社 科学医療グループ
1725	魚の行動習性を利用する釣り入門	川村軍蔵
1712	図解 感覚器の進化	岩堀修明
1681	マンガ 統計学入門	アイリーン・マグネロ/ボリン・V・ルーン 絵 神永正博 監訳/井口耕二 訳
1670	森が消えれば海も死ぬ 第2版	松永勝彦
1662	老化はなぜ進むのか	近藤祥司

ブルーバックス　生物学関係書（II）

番号	タイトル	著者
1861	発展コラム式 中学理科の教科書 改訂版 生物・地球・宇宙編	石渡正志 編
1872	マンガ 生物学に強くなる	滝川洋二 編
1874	もの忘れの脳科学	堂嶋大輔 監修
1875	第4巻 進化生物学 カラー図解 アメリカ版 大学生物学の教科書	芦阪満里子 訳／渡邊雄一郎 協力
1876	第5巻 生態学 カラー図解 アメリカ版 大学生物学の教科書	D・サダヴァ他／石崎泰樹・斎藤成也 監訳
1889	社会脳からみた認知症	D・サダヴァ他／石崎泰樹・斎藤成也 監訳
1898	哺乳類誕生 乳の獲得と進化の謎	伊古田俊夫
1902	巨大ウイルスと第4のドメイン 動物性を失った人類	酒井仙吉
1923	コミュ障 動物性を失った人類	武村政春
1929	心臓の力	正高信男
1943	細胞の中の分子生物学	柿沼由彦
1944	神経とシナプスの科学	杉晴夫
1945	脳からみた自閉症	森和俊
1964	カラー図解 進化の歴史 第1巻 進化の教科書	塚田稔
1990	カラー図解 進化の理論 第2巻 進化の教科書	大隅典子
1991		カール・ジンマー／ダグラス・J・エムレン／更科功／石川牧子／国友良樹 訳
1992	第3巻 系統樹や生態から見た進化 カラー図解 進化の教科書	カール・ジンマー／ダグラス・J・エムレン／更科功／石川牧子／国友良樹 訳
2010	生物はウイルスが進化させた	武村政春
2018	カラー図解 古生物たちのふしぎな世界	土屋健／田中源吾 協力
2034	DNAの98％は謎	小林武彦
2037	我々はなぜ我々だけなのか	川端裕人／海部陽介 監修
2070	筋肉は本当にすごい	杉晴夫
2088	植物たちの戦争	日本植物病理学会 編著／藤倉克則・木村純一・協働海洋研究開発機構 協力
2095	深海――極限の世界	石浦章一
2099	王家の遺伝子	藤崎慎吾
2103	我々は生命を創れるのか	藤崎慎吾
2106	うんち学入門	増田隆一
2108	DNA鑑定	梅津和夫
2109	制御性T細胞とはなにか	坂口志文・塚﨑朝子
2112	免疫の守護者	坂口志文・塚﨑朝子
2119	カラー図解 人体誕生	山科正平
2125	免疫力を強くする	宮坂昌之
2136	進化のからくり	千葉聡
2146	生命はデジタルでできている	田口善弘
2154	ゲノム編集とはなにか	山本卓
	細胞とはなんだろう	武村政春

ブルーバックス　生物学関係書（Ⅲ）

- 2156 新型コロナ　7つの謎　宮坂昌之
- 2159 「顔」の進化　馬場悠男
- 2163 カラー図解 アメリカ版 新・大学生物学の教科書 第1巻 細胞生物学　D・サダヴァ他　石崎泰樹・中村千春 監訳　小松佳代子 訳
- 2164 カラー図解 アメリカ版 新・大学生物学の教科書 第2巻 分子遺伝学　D・サダヴァ他　石崎泰樹・中村千春 監訳　小松佳代子 訳
- 2165 カラー図解 アメリカ版 新・大学生物学の教科書 第3巻 分子生物学　D・サダヴァ他　石崎泰樹・中村千春 監訳　小松佳代子 訳
- 2166 寿命遺伝子　森望
- 2184 呼吸の科学　石田浩司
- 2186 図解 人類の進化　斎藤成也 編・著　海部陽介／米田穰／隅山健太／吉森保
- 2190 生命を守るしくみ オートファジー　吉森保
- 2197 日本人の「遺伝子」からみた病気になりにくい体質のつくりかた　奥田昌子

ブルーバックス 化学関係書

- 969 化学反応はなぜおこるか 上野景平
- 1152 酵素反応のしくみ 藤本大三郎
- 1188 金属なんでも小事典 増田健一"監修"ウォーク"編著
- 1240 ワインの科学 清水健一
- 1296 暗記しないで化学入門 平山令明
- 1334 マンガ 化学式に強くなる 高松正勝"原作 鈴木みそ"漫画
- 1508 新しい高校化学の教科書 左巻健男"編著
- 1534 化学ぎらいをなくす本(新装版) 米山正信
- 1583 熱力学で理解する化学反応のしくみ 平山令明
- 1591 発展コラム式 中学理科の教科書 第1分野(物理・化学) 滝川洋二"編
- 1646 水とはなにか(新装版) 上平恒
- 1710 マンガ おはなし化学史 佐々木ケン"漫画 松本泉"原作
- 1729 有機化学が好きになる(新装版) 米山正信/安藤宏
- 1816 大人のための高校化学復習帳 竹田淳一郎
- 1849 分子からみた生物進化 宮田隆
- 1860 発展コラム式 中学理科の教科書 改訂版 物理・化学編 滝川洋二"編
- 1905 あっと驚く科学の数字 数から科学を読む研究会
- 1922 分子レベルで見た触媒の働き 松本吉泰
- 1940 すごいぞ! 身のまわりの表面科学 日本表面科学会

- 1956 コーヒーの科学 旦部幸博
- 1957 日本海 その深層で起こっていること 蒲生俊敬
- 1980 夢の新エネルギー「人工光合成」とは何か 井上晴夫"監修 光化学協会"編
- 2020 「香り」の科学 平山令明
- 2028 元素118の新知識 桜井弘"編
- 2080 すごい分子 佐藤健太郎
- 2090 はじめての量子化学 平山令明
- 2097 地球をめぐる不都合な物質 日本環境化学会"編著
- 2185 暗記しないで化学入門 新訂版 平山令明

- BC07 ChemSketchで書く簡単化学レポート 平山令明

ブルーバックス12cm CD-ROM付

ブルーバックス　事典・辞典・図鑑関係書

番号	書名	編著者
325	現代数学小事典	寺阪英孝 編
569	毒物雑学事典	大木幸介
1084	図解　わかる電子回路	見城尚志/高橋久
1150	音のなんでも小事典	日本音響学会 編
1188	金属なんでも小事典	増本 健 監修 ウォーク 編著
1439	味のなんでも小事典	日本味と匂学会 編
1484	単位171の新知識	星田直彦
1614	料理のなんでも小事典	日本調理科学会 編
1624	コンクリートなんでも小事典	土木学会関西支部 井上晋 他
1642	新・物理学事典	大槻義彦/大場一郎 編
1653	理系のための英語「キー構文」46	原田豊太郎
1660	図解　電車のメカニズム	宮本昌幸 編著
1676	図解　橋の科学	土木学会関西支部 他 田中輝彦/渡邊英一
1761	声のなんでも小事典	米山文明 監修 和田美代子
1762	完全図解　宇宙手帳	渡辺勝巳/JAXA 協力 （宇宙航空研究開発機構）
2028	元素118の新知識	桜井 弘 編
2161	なっとくする数学記号	黒木哲徳
2178	数式図鑑	横山明日希

ブルーバックス　宇宙・天文関係書

番号	タイトル	著者
1394	ニュートリノ天体物理学入門	小柴昌俊
1487	ホーキング　虚時間の宇宙	竹内薫
1592	発展コラム式　中学理科の教科書　第2分野（生物・地球・宇宙）	石渡正志 編
1697	インフレーション宇宙論	佐藤勝彦
1728	ゼロからわかるブラックホール	大須賀健
1731	宇宙は本当にひとつなのか	村山斉
1762	完全図解　宇宙手帳（宇宙航空研究開発機構=協力JAXA）	渡辺勝巳
1799	宇宙になぜ我々が存在するのか	村山斉
1806	新・天文学事典	谷口義明 監修
1861	発展コラム式　中学理科の教科書　改訂版　生物・地球・宇宙編	石渡正志 編
1887	小惑星探査機「はやぶさ2」の大挑戦	滝川洋二 編／山根一眞
1905	あっと驚く科学の数字　数から科学を読む研究会	横山順一
1937	輪廻する宇宙	松下泰雄
1961	曲線の秘密	鳴沢真也
1971	へんな星たち	ルイーザ・ギルダー／山田克哉=監訳／窪田恭子=訳
1981	宇宙は「もつれ」でできている	吉田伸夫
2006	宇宙に「終わり」はあるのか	本間希樹
2011	巨大ブラックホールの謎	ピエール・ビネトリュイ／安東正樹=監訳／岡田好恵=訳
2027	重力波で見える宇宙のはじまり	戸谷友則
2066	宇宙の「果て」になにがあるのか	須藤靖
2084	不自然な宇宙	吉田伸夫
2124	時間はどこから来て、なぜ流れるのか？	成田憲保
2128	地球は特別な惑星か？	杉山直
2140	宇宙の始まりに何が起きたのか	鳴沢真也
2150	連星からみた宇宙	鈴木洋一郎
2155	見えない宇宙の正体	浅田秀樹
2167	三体問題	戸谷友則
2175	爆発する宇宙	高水裕一
2176	宇宙人と出会う前に読む本	田中雅臣
2187	マルチメッセンジャー天文学が捉えた新しい宇宙の姿	田中雅臣

ブルーバックス　医学・薬学・心理学関係書 (I)

- 921 自分がわかる心理テスト　芦原睦/戴作"監修
- 1021 人はなぜ笑うのか　志水彰/角辻豊/中村真
- 1063 自分がわかる心理テストPART2　芦原睦"監修
- 1117 リハビリテーション　上田敏
- 1176 考える血管
- 1184 脳内不安物質
- 1223 姿勢のふしぎ
- 1258 男が知りたい女のからだ　浜窪隆雄
- 1315 記憶力を強くする
- 1323 マンガ　心理学入門　児玉龍彦/
- 1391 ミトコンドリア・ミステリー　河野美香
- 1418 「食べもの神話」の落とし穴　池谷裕二
- 1427 筋肉はふしぎ　N・C・ベンソン/大前泰彦"訳
- 1435 アミノ酸の科学　林純一
- 1439 味のなんでも小事典　髙橋久仁子
- 1472 DNA（上）ジェームス・D・ワトソン/アンドリュー・ベリー　青木薫"訳　杉晴夫
- 1473 DNA（下）ジェームス・D・ワトソン/アンドリュー・ベリー　青木薫"訳　櫻庭雅文
- 1500 脳から見たリハビリ治療　久保田競/宮井一郎"編著　日本味と匂学会"編
- 1504 プリオン説はほんとうか？　福岡伸一
- 1531 皮膚感覚の不思議　山口創
- 1551 現代免疫物語　岸本忠三/中嶋彰

- 1626 進化から見た病気　栃内新
- 1633 新・現代免疫物語「抗体医薬」と「自然免疫」の驚異　岸本忠三/中嶋彰
- 1647 インフルエンザ　パンデミック　河岡義裕/堀本研子
- 1662 老化はなぜ進むのか　近藤祥司
- 1695 ジムに通う前に読む本　桜井静香
- 1701 光と色彩の科学　齋藤勝裕
- 1724 ウソを見破る統計学　神永正博
- 1727 iPS細胞とはなにか　朝日新聞大阪本社科学医療グループ
- 1730 たんぱく質入門　武村政春
- 1732 人はなぜだまされるのか　石川幹人
- 1761 声のなんでも小事典　米山文明"監修
- 1771 呼吸の極意　永田晟
- 1789 食欲の科学　櫻井武
- 1790 脳からみた認知症　伊古田俊夫
- 1792 二重らせん　ジェームス・D・ワトソン/江上不二夫/中村桂子"訳
- 1800 ゲノムが語る生命像　本庶佑
- 1801 新しいウイルス入門　武村政春
- 1807 ジムに通う人の栄養学　岡村浩嗣
- 1811 栄養学を拓いた巨人たち　杉晴夫
- 1812 からだの中の外界　腸のふしぎ　上野川修一
- 1814 牛乳とタマゴの科学　酒井仙吉

ブルーバックス　医学・薬学・心理学関係書(Ⅱ)

年	書名	著者
1820	リンパの科学	加藤征治
1830	単純な脳、複雑な「私」	池谷裕二
1831	新薬に挑んだ日本人科学者たち	塚﨑朝子
1842	記憶のしくみ（上）	エリック・R・カンデル/小西史朗/桐野豊=監修
1843	記憶のしくみ（下）	エリック・R・カンデル/小西史朗/桐野豊=監修
1874	図解 内臓の進化	岩堀修明
1889	もの忘れからみた脳科学	落合栄一郎
1896	新しい免疫入門	審良静男/黒崎知博
1923	コミュ障 動物性を失った人類	正高信男
1929	心臓の力	柿沼由彦
1931	放射能と人体	落合栄一郎
1943	薬学教室へようこそ	二井將光=編著
1945	神経とシナプスの科学	杉 晴夫
1952	芸術脳の科学	塚田 稔
1953	意識と無意識のあいだ	マイケル・コーバリス/鍛原多惠子=訳
1954	自分では気づかない、ココロの盲点 完全版	池谷裕二
1955	発達障害の素顔	山口真美
	現代免疫物語beyond	岸本忠三/中嶋 彰
1956	コーヒーの科学	旦部幸博
1964	脳からみた自閉症	大隅典子
1968	脳・心・人工知能	甘利俊一
1976	不妊治療を考えたら読む本	浅田義正/河合 蘭
1978	カラー図解 はじめての生理学 上	田中（貴邑）冨久子
1979	カラー図解 はじめての生理学 下	田中（貴邑）冨久子
1988	カラー図解 動物機能編	小城勝相
	植物機能編	理化学研究所・脳科学総合研究センター=編
1994	40歳からの「認知症予防」入門	伊古田俊夫
1996	つながる脳科学	
1997	体の中の異物「毒」の科学	奥田昌子
2007	欧米人とはこんなに違った日本人の「体質」	伊藤誠二
2013	痛覚のふしぎ	山科正平
2024	カラー図解 新しい人体の教科書（上）	山科正平
2025	カラー図解 新しい人体の教科書（下）	新郷明子
2026	アルツハイマー病は「脳の糖尿病」	鬼頭昭三/新郷明子
2029	睡眠の科学 改訂新版	櫻井 武
2034	生命を支えるATPエネルギー	二井將光
2050	DNAの98％は謎	小林武彦
	世界を救った日本の薬	塚﨑朝子